相传古希腊诗人、学者斐勒塔(Philitas)为说谎者悖论殚精竭虑，身心交瘁而死。他的墓碑上刻着一首诗：

啊，陌生人

科斯的斐勒塔就是我

使我致死的是说谎者

无数个不眠之夜造成了这个结果

这样的人多么纯洁、崇高！出现过这样的人，是古希腊文明的骄傲，也是人类理性的骄傲。

谨以此书献给这位人类历史上用生命追求逻辑纯洁的先哲。

悖论的消解

（第二版）

文　兰　著

科　学　出　版　社

北　京

内 容 简 介

本书给出了几个著名悖论特别是说谎者悖论的解答。 作为预备，讨论了悖论的由来和机理，特别是悖论与反证法的关系。

本书设想的读者很广泛，从中学生到专家学者可能都会感兴趣。

图书在版编目(CIP)数据

悖论的消解/文兰著. —2版. —北京：科学出版社，2019.4

ISBN 978-7-03-060737-9

Ⅰ. ①悖…　Ⅱ. ①文…　Ⅲ. ①悖论-研究　Ⅳ. ①O144.2

中国版本图书馆 CIP 数据核字(2019) 第 043204 号

责任编辑：胡庆家 / 责任校对：邹慧卿
责任印制：吴兆东 / 封面设计：蓝正设计

科学出版社 出版
北京东黄城根北街 16 号
邮政编码：100717
http://www.sciencep.com
北京建宏印刷有限公司 印刷
科学出版社发行　各地新华书店经销
*
2018 年 1 月第　一　版　开本：720 × 1000　B5
2019 年 4 月第　二　版　印张：7　1/2
2023 年 6 月第二次印刷　字数：80 000

定价：28.00 元

(如有印装质量问题，我社负责调换)

第二版前言

这本书给出了几个著名悖论特别是说谎者悖论的解答，重点是揭示说谎者悖论推理中的一个隐蔽的、本质上是代数学的假设。这一版与第一版相比有不少改进，如不仅说明了反证法怎样移去头尾成为悖论，还说明了悖论怎样添上头尾成为反证法。这一版还加写了一个后记，回顾了此书的缘起、背景和主要想法以及这一版和第一版主要的不同之处，尤其对说谎者悖论的解答做了画龙点睛的说明，希望有助于对全书的理解。说谎者悖论是最古老、最有影响的悖论，寻求说谎者悖论的解答是悖论研究的重大问题，故此书的意义首先是学术上的。

但另一方面，语言中的悖论又是人人皆有所闻、欲知究竟的，写这样一本书最好能面向广大读者。因此作者略去了一些技术性较强的部分，突出了基本思想和整体框架。可以说，阅读此书需要的不是多少具体的知识，而是一种深入思考的能力和习惯。一位有高中数学基础又沉得下心来慢慢读、慢慢想的读者，一定能读懂这本书。解答悖论是一场逻辑学保卫战，也是对一个人逻辑思维能力的极好的锻炼。

张景中院士阅读了此书第一版并给以热情的肯定，邢滔滔教授为此书第一版写了书评，作者借此机会向他们表示衷心的感谢。

作　者
2019 年 3 月

第一版前言

悖论有时被视为趣谈，其实危及逻辑的根本。20 世纪初由集合论悖论引起的震动和引发的数学基础的“保卫战”成为当时整个数学的关注点。此后公理集合论的建立标志着大局已定，对数学基础的担心渐趋平息。但语言中的悖论问题的解决，却一直未能尽如人意。

本书分析了悖论的由来和机理，重点是对作者关于说谎者悖论的一个解答做详细的解说。在此之前，作为一般原理，本书指出悖论与反证法的区别和联系，并以理发师悖论为例详细说明二者的关系。本书还给出了贝里悖论等几个悖论的解答。

悖论是一个很特别的课题。一方面它很深，是哲学家、逻辑学家、语言学家研究不尽的一个主题；另一方面它又很通俗，人人都有所了解。历史上不止一次，一个悖论指出了一个学科带根本性的问题，促进了学科的进步。本书发现，说谎者悖论和格雷林悖论各提出了一个耐人寻味的问题 (见第 6 章)，或许值得注意。

邢滔滔教授、杨跃教授和张铁声研究员阅读了本书初稿并提出了很好的意见，胡庆家编辑为本书做了精美的编排设计，作者在此表示感谢。

作　者

2017 年 7 月

目　录

第1章 什么是悖论?

什么是悖论?

按照通常的定义，悖论是指这样的命题，“由肯定它真，就推出它假，由肯定它假，就推出它真”。

这里所说的“推”，是指符合逻辑规则的推理。不符合逻辑规则的推理，错误的推理，不在其列。惟其如此，推出矛盾才是严重的问题。

但这个定义有几个缺陷。一是数学里的反证法也是推出矛盾，也有形如“由肯定它真，就推出它假，由肯定它假，就推出它真”的推理 (见第 2 章注 2.2)。这个定义不能区分悖论与反证法。二是悖论是可以消解的，而不是固化的，定义悖论时要考虑到这一点，而这个定义看不出留有这样的余地。三是这个定义过窄，不能包括理查德悖论、贝里悖论等常见的悖论。

在推理须符合逻辑规则的约定下，我们提出一个不同的定义：**悖论是推出矛盾但原因不明的推理** [18]。

这同时也给出了“解悖”的定义。既然悖论是推出矛盾但原因不明的推理，当然**解答悖论就是找出悖论推出矛盾的原因**。本书书名所谓悖论的“消解”就是这个意思。

乍一看，“原因不明”不像学术用语，不够确定。但实际上，这一用语抓住了悖论的特征。

一方面，由于反证法推出矛盾的原因很清楚，我们强调“原因不明”就划清了悖论与反证法的界限。(我们也将看到，悖论与反证法虽然本质不同，却密切相关。研究悖论的一个重要方法，就是与反证法相对照。)

另一方面，强调“原因不明”就预留了一个可能性。悖论推出矛盾既然原因不明，就有可能厘清。本书的基本观点是：悖论可以被消解。本书将给出说谎者悖论等几个著名悖论的消解。

第三方面，“原因不明”的说法覆盖的范围比较宽，包括了理查德悖论、贝里悖论等所有常见的悖论。

关键在于推理的假设。反证法的假设很明确，故推出矛盾不但波澜不惊，而且恰如所愿。悖论则相反，看不出有什么特别的假设，故推出矛盾原因不明，引起困惑甚至恐慌。

“看不出有什么特别的假设”的一种原因是，其假设是隐蔽的。这方面最典型的是说谎者悖论。这是最古老、最有影响的一个悖论，一些学者称之为“悖论之冠”。本书将揭示说谎者悖论的隐蔽的假设，从而消解这一悖论。我们将看到，说谎者悖论的这一假设，从逻辑学、代数学、语言学的角度来看非常微妙。

“看不出有什么特别的假设”的另一种原因是，其假设是公开的，但被认为“当然成立”而不算假设。于是有假设成了无假设，也就“看不出有什么特别的假设”。这方面最典型的是罗素悖论和格雷林悖论。罗素悖论曾因一种“当然存在性”而震动数学界。格雷林悖论没有产生那样的震动但也具有类似的“当然存在性”。我们将仔细分析“当然成立”这一现象。

历史上有两个著名的悖论——贝里悖论和理查德悖论，是关于“可定义”的。它们推出矛盾的原因是对“可定义”的概念没有做明确的定义，造成了在同一推理中的“可定义”的含义前后不一致。

其实，悖论的囊括一切的定义究竟是什么并不很重要。比如“悖论”一词，有时也指那种初看不合理，实际上却合理的道理。赋予“悖论”这一层含义也很正常。不过这完全是不同的对象了，本书未有涉及。

第2章 悖论与反证法

与反证法相对照，会给悖论研究许多启示。本章 2.1 节一般地论述悖论与反证法的关系；2.2 节以理发师悖论为例说明这一关系。

2.1 悖论与反证法的关系

假如我们要证明一个命题。反证法的做法就是反过来假设该命题不成立，设法推出矛盾。一旦推出矛盾，反证法就成功结束，就立刻下结论：这一矛盾证明该命题成立。

反证法历史久远，欧几里得《几何原本》中已大量可见。一个更早的例子，是古希腊毕达哥拉斯学派的一个划时代发现：

定理 2.1 $\sqrt{2}$ 是无理数。

证明 假设 $\sqrt{2}$ 是有理数。则存在整数 p 和 q 使得

$$\sqrt{2} = \frac{p}{q}.$$

欧几里得 (Euclid, 约公元前 330~ 约公元前 275)

不妨设 p 和 q 没有公约数。两端平方，得

$$p^2 = 2q^2.$$

故 p^2 为偶数。故 p 为偶数。故 p^2 为 4 的倍数。故 q^2 为偶数。故 q 为偶数。这与 p 和 q 没有公约数矛盾。这一矛盾证明 $\sqrt{2}$ 是无理数。证毕。

这个定理是要证明 $\sqrt{2}$ 是无理数，用的是反证法。它不去直接证明 $\sqrt{2}$ 是无理数，而是反过来假设 $\sqrt{2}$ 是有理数。由此“硬着头皮”往下推，推出 p 和 q 一方面没有公约数，另一方面又有公约数的矛盾。于是反证法成功结束，宣布结论：$\sqrt{2}$ 是无理数。

反证法要经过很多次练习才会熟练。不过对本书来说，关于反证法只需要注意两点：第一，反证法的假设非常明确。反证法开头即明确宣布“假设……”，随即进入推理，直到推出矛盾。结尾则明确宣布“这一矛盾证明该假设不成立”。这个开头句和结尾句是反证法的例行格式。第二，这个例行格式明确宣示这里有一个假设，但本身并不是推理。去掉开头句和结尾句，中段的部分才是反证法真正的推理。因此有下面的

移除原理 移除反证法的例行头尾，只是抽掉了该假设的宣示，并没有抽掉该假设的实际作用。该假设仍然存在于并应用于该推理之中。

这一原理对后面理解说谎者悖论的分析很重要，我们再仔细看一下。以定理 2.1 的证明为例。如果只是删掉反证法的开

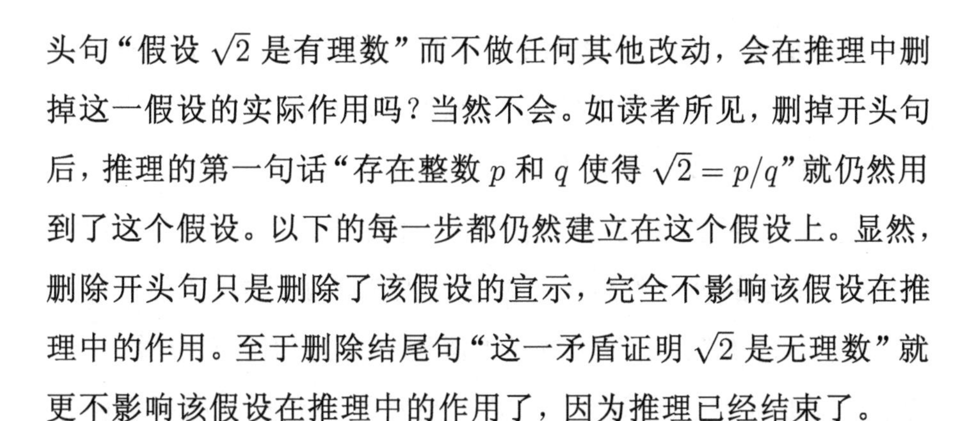
头句“假设 $\sqrt{2}$ 是有理数”而不做任何其他改动，会在推理中删掉这一假设的实际作用吗？当然不会。如读者所见，删掉开头句后，推理的第一句话“存在整数 p 和 q 使得 $\sqrt{2}=p/q$”就仍然用到了这个假设。以下的每一步都仍然建立在这个假设上。显然，删除开头句只是删除了该假设的宣示，完全不影响该假设在推理中的作用。至于删除结尾句“这一矛盾证明 $\sqrt{2}$ 是无理数”就更不影响该假设在推理中的作用了，因为推理已经结束了。

顺便说一下，反证法有时候被以为是个怪方法，其实不然，反证法和正面证法是平等的。只要把所求证的命题替换为其逆否命题，每一个正面证法都会变成反证法。比如：

定理 2.2　*任何三角形的内角和都等于 180 度。*

证明　我们做辅助线 ……，把三个角移到一处，恰好拼成一个平角，故内角和等于 180 度。证毕。

现在把定理改述为其逆否命题：

定理 2.3　*如果一个多边形的内角和不等于 180 度，那么它不是三角形。*

这该怎样证呢？读者想一想就会知道，一定是用反证法。

证明　**假设它是三角形**，我们做辅助线 ……，把三个角移到一处，恰好拼成一个平角，故内角和等于 180 度。**这与已知矛盾。这一矛盾说明它不是三角形**。证毕。

显然，除了新增加的黑体字的反证法的例行头尾，整个证明都是原来的。这说明，如果把原命题改述为其逆否命题，一个正面证法就不得不穿上反证法的外衣。

因为逆否命题和原命题是等价的，反证法和正面证法的地位也就是平等的。对学数学的人来说，反证法在大学阶段越来越多，在研究阶段更是常态。

注 2.1 反证法在存在性问题上不如构造性证明那样具体、可操作，但它的理论作用甚至要超过正面证法。如果正面证法是“假设 A，推 B”，反证法就是“假设 A 且非 B，推矛盾”。这相当于增加了一个假设“非 B”，当然更为有利。如果正面证法像是从东往西隔山打隧洞，那么反证法就像是东西相向往中间打。注 2.1 结束。

以上我们看了一个反证法的例子，下面来看一个悖论的例子。

理发师悖论 某村有一个理发师，恰给本村所有不给自己理发的人理发。若他给自己理发，则他是一个给自己理发的人。但按照他的原则，他应该不给自己理发。矛盾。若他不给自己理发，则他是一个不给自己理发的人。但按照他的原则，他应该给自己理发。也矛盾。

这是一个广为人知的悖论，2.2 节将给以详尽的分析。这里我们只通过它初步看一看，悖论是什么样子。按照第 1 章的定义，悖论是推出矛盾但原因不明的推理。这个理发师悖论就是这样：它是一段推理，它推出了矛盾，但原因不明。

从这两个例子可以看出，悖论和反证法的共同点是：它们都是推出矛盾的推理，但二者有重大的区别。反证法开头有明确的假设，推出矛盾正好下结论该假设不成立。但悖论却看不出有什么特别的假设，似乎凭空推出了矛盾，无法解释。从外观上看，反证法有宣示假设的“头”和下结论该假设不成立的“尾”，而悖论则无头无尾。

本书认为，从逻辑结构上讲，悖论是一个反证法除去开头句和结尾句剩下的中段。简言之，**悖论是反证法的掐头去尾**。这也解释了为什么第 1 章里说，悖论的推理是符合逻辑规则的。悖论和反证法根本就是同一个推理，当然每一步推理都是符合逻辑规则的 (这里我们当然是指一个正确的反证法)。

我们说每个悖论都是反证法的掐头去尾，但不是说每个反证法掐头去尾都会成为悖论。在绝大多数情形，移去一个反证法的开头句和结尾句会使得上下文变得荒唐可笑，也就不值得理喻。但在极少数情形这样做可能不被察觉，这时剩下的中段就会推出矛盾但原因不明，成为一个“悖论”。因此更准确地说，**悖论是反证法的未被察觉的掐头去尾**。

可以通过掐头去尾变成悖论的反证法具有这样一个特点：其假设虽在开头句和结尾句做了宣示，但在中段的推理部分却很难看出用在了什么地方 (但实际上起着作用)。这样才能通过掐头去尾使该假设变得隐蔽。这样的反证法很少见，所以悖论毕竟不多。

上面是说怎样把反证法掐头去尾造成悖论。反过来，怎样把悖论添上“头尾”还原成反证法，则需要找出悖论推理里隐蔽的假设，而这是最困难的，这也就是解答悖论。反证法的“头”是宣布该假设成立以开始证明，“尾”是宣布该假设不成立以结束证明。因此，一旦找出了悖论推理里隐蔽的假设，就可以立即把这个悖论添上“头尾”还原成反证法 (详见第 3 章第 4 小节)，这个悖论也就被彻底消解了。

下一节我们通过一个例子来说明所有这一切。

2.2 理发师悖论：一个例子

本节通过理发师悖论具体说明悖论与反证法的关系。我们将看到，理发师悖论是一个反证法的未被察觉的掐头去尾。

理发师悖论 某村有一个理发师，恰给本村所有不给自己理发的人理发。若他给自己理发，则他是一个给自己理发的人。但按照他的原则，他应该不给自己理发。矛盾。若他不给自己理发，则他是一个不给自己理发的人。但按照他的原则，他应该给自己理发。也矛盾。

这段推理很有趣，经常被当作逻辑谜题。它推出了矛盾，但原因不明。哲学家、逻辑学家蒯因在《悖论的方式》[11] 中说，理发师悖论是“罗素在 1918 年提出的没有说明来源的”一个悖论。不过蒯因认为理发师悖论很容易解答：这个理发师不存在，所得矛盾本身就证明了这个理发师不存在 [11]。

蒯因的逻辑直觉很好，他直接意识到答案应该是这个理发师不存在。他的结论完全正确，但过于简略，没有详细解释。本节对蒯因的“这个理发师不存在”的答案做一个详细的解释。首先让我们把理发师悖论再叙述一遍：

威拉德·冯·蒯因 (Willard Van Quine，1908～2000)

假设某村有一个理发师，恰给本村所有不给自己理发的人理发。若他给自己理发，则他是一个给自己理发的人。但按照他的原则，他应该不给自己理发。矛盾。若他不给自己理发，则他是一个不给自己理发的人。但按照他的原则，他应该给自己理发。也矛盾。

注意，这一次在开头添加了两个字“假设”。原来是“某村有一个理发师……”，现在是“假设某村有一个理发师……”。

“假设”二字一添上去，问题马上清楚了：产生矛盾的原因就在于这个假设。整个理发师悖论的推理也就成了对这一假设的证伪。所得矛盾无非说明该假设不成立，即本村不存在这样一个理发师罢了。这就是蒯因的结论。

这当然不错。但人们要问，理发师悖论的陈述里本来并没有“假设”二字，为什么可以添上去呢？这个理发师的存在真的只是假设吗？如果有人声称这不是假设而是事实，声称多年前一个叫塞维尔的小镇上就有过一个叫鲍勃的理发师恰给镇上不给自己理发的人理发怎么办？我们需要去那个小镇查证是否的确有过其人其事吗？

我们说，不需要，因为集合论创始人康托已经从逻辑上证明不可能存在这样一个理发师。让我们来看一下康托的证明。先介绍集合论的几个基本概念：映射、满射、幂集。

设 X 和 Y 为两个集。所谓一个从 X 到 Y 的**映射** $f: X \to Y$ 是指一个法则，它对 X 中的每一元素 x 指定 Y 中唯一一个元素。这个为 x 所指定的元素称作 x 在 f 下的**像**，记为 $f(x)$。如

果 Y 中的每一个元素都是 X 中某个元素的像，就称 f 是一个**满射**。

设 X 为一集。用 $P(X)$ 表示 X 的**幂集**，也即 X 的子集所成的集。例如，若 $X=\{1,2,3\}$，则

$$P(X)=\{\varnothing,\{1\},\{2\},\{3\},\{1,2\},\{1,3\},\{2,3\},\{1,2,3\}\},$$

其中 $\varnothing$ 表示空集。

康托定理 *对任何集 X，不存在从 X 到幂集 $P(X)$ 的满射。特别地，不存在从 X 到 $P(X)$ 的一一对应。*

证明 任取一个映射 $f:X\to P(X)$。要证 f 不是满射。为此，令

$$C=\{x\in X\mid x\notin f(x)\}.$$

我们来证明：不存在 $z\in X$ 使得 $f(z)=C$。为此用反证法。假设存在 $z\in X$ 使得 $f(z)=C$。那么，若 $z\in f(z)$，则 $z\notin C$。但 $C=f(z)$，故 $z\notin f(z)$。矛盾。若 $z\notin f(z)$，则 $z\in C$。但 $C=f(z)$，故 $z\in f(z)$。也矛盾。这证明不存在 $z\in X$ 使得 $f(z)=C$。因此 f 不是满射。证毕。

康托定理是集合论最优美的定理之一。其证明简短而意味深长。康托定理在大学数学系《实变函数》课程中讲授，但它不需要多少预备知识，是广大读者可以欣赏、理解的。其简单与奇妙，令人叫绝。

注 2.2 本书第 1 章在谈到悖论的定义时说，数学里的反证法也有形如“由肯定它真，就推出它假，由肯定它假，就推出它

格奥尔格·康托 (Georg Cantor, 1845~1918)

真”的推理。读者可以看到，康托的这段反证法就具有这样的形式：由 $z \in f(z)$，就推出 $z \notin f(z)$，由 $z \notin f(z)$，就推出 $z \in f(z)$。注 2.2 结束。

那么，康托定理与理发师悖论有什么关系呢？

我们来给康托定理一个“理发”的解释。用 X 表示该村的村民的集。对每一村民 x，用 $f(x)$ 表示所有被 x 理发的人的集，即 x 的“顾客集”。那么康托所考虑的集合

$$C = \{x \in X \mid x \notin f(x)\}$$

就表示该村所有不给自己理发的人所成的集。$f(z) = C$ 的意思就是 z 恰给所有不给自己理发的人理发，故 z 就是那位理发师。

让我们把康托定理证明的核心部分翻译成理发的语言：

若 $z \in f(z)$ (若他给自己理发)，则 $z \notin C$ (则他是一个给自己理发的人)。但 $C = f(z)$ (但按照他的原则)，故 $z \notin f(z)$ (他应该不给自己理发)。矛盾。若 $z \notin f(z)$ (若他不给自己理发)，则 $z \in C$ (则他是一个不给自己理发的人)。但 $C = f(z)$ (但按照他的原则)，故 $z \in f(z)$ (他应该给自己理发)。也矛盾。

显然，理发师推理就是康托推理。二者完全相同。

那么，为什么一个是定理，一个是悖论呢？

康托是在做反证法，前面还有开头句“假设存在 $z \in X$ 使得 $f(z) = C$”，后面还有结尾句“这证明不存在 $z \in X$ 使得 $f(z) = C$”。用理发的语言说就是，康托假设某村存在一个理发师恰给本村所有不给自己理发的人理发，推出矛盾后立刻下结**论不存在这样一个理发师。**

理发师悖论的推理处处与康托的这段反证法相同，唯独开头缺少了本来有的“假设”二字(当然结尾也就缺少了“不存在这样一个理发师”的结论)，上来劈头就是“某村有一个理发师……”。当然推出矛盾就无法解释，成了“悖论”。在这里我们清楚看到了 2.1 节所说的：悖论是反证法的掐头去尾。**理发师悖论就是康托这段反证法的掐头去尾**。这就揭示了理发师悖论推出矛盾的原因，也就给出了

理发师悖论的解答　该理发师的存在只是一个假设，所得矛盾证明这一假设不成立。也就是说，该村不存在一个理发师，恰给本村所有不给自己理发的人理发。

以上对蒯因的“这个理发师不存在”的论断作了一个详细的解释。这个解释是逻辑性的，而不是非逻辑性的如理发师是女性不用刮胡子。是逻辑的原因使得具有这样一个性质(即恰给那些不给自己理发的人理发)的理发师不可能存在。

这一解释先前出现在文献 [17] 里 (不过当时作者还不知道蒯因有过这样的结论，所以没有把文章当作是对蒯因的解释)，本书做了扩充。人们可能会问，蒯因的一句论断，怎么需要这么长的解释呢？我们说，这不奇怪，理发师悖论是一个影响甚广、“久经考验”的思维难题，它的解答需要一定的篇幅是正常的。

也许有人问，为什么一定是理发师悖论从康托的证明里移去了假设二字，而不是康托在理发师悖论里添加了假设二字呢？

这个问题有点奇怪。实际上，不管是理发师悖论“移去”了假设二字，还是康托“添加”了假设二字，理发师悖论都是康托

反证法的掐头去尾。说“掐头去尾”是就逻辑结构而言，与谁是动作的主体无关。不过如果真有人这样问，也许可以看看谁先谁后。

查阅历史，康托定理 (1895)，理发师悖论 (1918)。康托在先。

也就是说，康托在 1895 年已经证明，不可能存在这样一个理发师。23 年后，理发师悖论全盘接受了康托的反证法的推理，却隐去了假设二字，致使矛盾无法解释，造成“悖论”。

作者的一位朋友认为，即使是康托在理发师悖论里“添加”了假设二字 (当然事实并非如此)，我们也要认同康托定理，因为它没有矛盾。作者同意这位朋友的意见。作者赞赏他逻辑的清晰和坚定。

人们可能会问，为什么理发师悖论移去假设二字没有被察觉？是不是每个反证法推理都可以这样轻易地移去假设二字而不被察觉呢？

这倒不是。在绝大多数情形，移去一个反证法里的假设二字是很容易被察觉的。比如，证明 $\sqrt{2}$ 是无理数用的是反证法，开头本来是“假设 $\sqrt{2}$ 是有理数”，移去假设二字就劈头成了“$\sqrt{2}$ 是有理数”。这当然莫名其妙，容易引起警觉，也就成不了悖论。

但理发师悖论不同。把“假设某村有一个理发师……”里的“假设”二字移去，改成“某村有一个理发师……”，事实证明就没有被察觉。像这种把“假设”二字移去而不被察觉的例子很少见 (所以悖论毕竟不多)。就理发师悖论来说，似乎和用语“有一个”也有很大关系。大概“有一个”语气较轻，把“假设有一个……”悄悄换为“有一个……”，不太引人注意吧。

其实“有一个”就是“存在一个”，后者是正式术语。如果当初不是说成“假设某村有一个理发师……”，而是使用正式术语说成“假设某村存在一个理发师……”，那么即使移去假设二字，说成“某村存在一个理发师……”，单凭“存在”二字也仍然会引起警觉。读者就会问，这样一个理发师真的存在吗？那样一来，整个情况就不同了，理发师悖论就不一定能产生了。

可见，要想移去一个推理中的假设二字而不被察觉还不太容易呢，要在修辞上很动些脑筋，比如避免使用“存在一个”的正式术语，而使用“有一个”的非正式用语，甚至连“有一个”都不提，而煞有介事说成“一个名叫鲍勃的理发师某一天突发奇想贴出广告恰给本村所有不给自己理发的人理发……”等等，故事就俨然更加逼真，该理发师的存在作为假设就更加隐蔽。

在本章的最后，我们指出，理发师悖论可以有多种表现形式，比如：

机器人悖论　某工厂有一个机器人，恰修理本厂所有不修理自己的机器人。若它修理自己，则它是一个修理自己的机器人。但按照它的原则，它应该不修理自己。矛盾。若它不修理自己，则它是一个不修理自己的机器人。但按照它的原则，它应该修理自己。也矛盾。

书目悖论　某图书馆有一本书，恰收录本馆所有不收录自己的书。若它收录自己，则它是一本收录自己的书。但按照它的原则，它应该不收录自己。矛盾。若它不收录自己，则它是一本不收录自己的书。但按照它的原则，它应该收录自己。也矛盾。

解答则为：

机器人悖论的解答 该机器人的存在只是一个假设。所得矛盾证明这一假设不成立。也就是说，该工厂不存在一个机器人，恰修理本厂所有不修理自己的机器人。

书目悖论的解答 该书的存在只是一个假设。所得矛盾证明这一假设不成立。也就是说，该图书馆不存在一本书，恰收录本馆所有不收录自己的书。

实际上，每一个反身及物动词，比如爱、恨、表扬、批评、吸引、排斥，都可以产生这样一个“悖论”。比如“批评”这个动词就可以产生如下“悖论”：某市有一个市民，恰批评本市所有不批评自己的市民。若他批评自己…… 矛盾。若他不批评自己…… 也矛盾。其解答则是：该市不存在这样一个市民。

如此等等。这样的“悖论”可以要多少有多少。“给……理发”只不过是数不清的返身及物动词中特别生动有趣的一个罢了。所有这些“悖论”都有相同的原理，它们补上“头尾”写成反证法都是下面的数学定理，其中的术语“二元关系”是集合论的一个基本概念，严格定义此处从略，这里我们可以把“二元关系”简单理解为及物动词。一个有代表性的及物动词就是“关联”，它可以代表“给…… 理发”“修理”“收录”“批评”……中的任意一个。

康托对角线原理 对任何集上的任何二元关系（不妨称为“关联”），不存在一个元素，恰关联该集所有不关联自己的元素。

证明 假设该集存在一个元素，恰关联该集所有不关联自己的元素。若它关联自己，则它是一个关联自己的元素。但按照它的原则，它应该不关联自己。矛盾。若它不关联自己，则它是一个不关联自己的元素。但按照它的原则，它应该关联自己。也矛盾。这证明不存在这样一个元素。证毕。

康托对角线原理是康托定理证明中的核心部分，从“不存在 $z \in X$ 使得 $f(z) = C$”开始，到“这证明不存在 $z \in X$ 使得 $f(z) = C$”为止，其中 $f(x)$ 表示被 x 所关联的所有元素所成的子集。这里我们用文字又叙述了一遍。它之所以被称作“对角线原理”，是因为它是康托证明实数不可数的对角线方法的推广。

注 2.3 一般把悖论分为两类：逻辑悖论和语义悖论。本章的分析说明，理发师悖论里出现的矛盾完全是逻辑的。尽管理发师悖论用日常语言陈述，但它是一个逻辑悖论。

注 2.4 以上几个推理，似乎都推了两遍矛盾。先有一个“矛盾”，然后又有一个“也矛盾”。这加重了“悖论”的神秘色彩。其实，这与通常推出矛盾的过程没有什么两样。实际上，推出第一个矛盾时，推理并未结束。这是因为，第一个矛盾是在一个附加前提 (比如“若他给自己理发”) 下推出来的，并没有穷尽所有可能。必须在余下的情形也推出矛盾，推理才算结束。

注 2.5 一个常见的悖论是万能者悖论：

万能者悖论 万能者能打败自己吗？若他能打败自己，他已经被打败了一次，故不是万能者，矛盾。若他不能打败自己，他已经“不能”了一次，故不是万能者，也矛盾。

和理发师悖论的解答类似，这个悖论的解答是这个万能者不存在。这段推理本身就证明了这个万能者不存在。注 2.5 结束。

第3章 说谎者悖论的消解

悖论中最古老、最有影响的，是已有 2500 多年历史的“说谎者悖论”，有些书称之为“悖论之冠”。它的表述有各种形式，这里我们采用卡片形式，比较简明直观。

说谎者悖论　　这张卡片上的句子为假

若这张卡片上的句子为真，则肯定其所述，故这张卡片上的句子为假，矛盾。反之，若这张卡片上的句子为假，则否定其所述，故这张卡片上的句子为真，也矛盾。

中世纪出现的一个同类的悖论是双卡悖论，是茹尔丹 (Jourdain) 给出的：

双卡悖论　　第二张卡片上的句子为真

第一张卡片上的句子为假

若第一张卡片的句子为真，则肯定其所述，因而第二张卡片的句子为真。故肯定第二张卡片的句子之所述，因而第一张卡片的句子为假，矛盾。反之，若第一张卡片的句子为假，则否定其所述，因而第二张卡片的句子为假。故否定第二张卡片的句

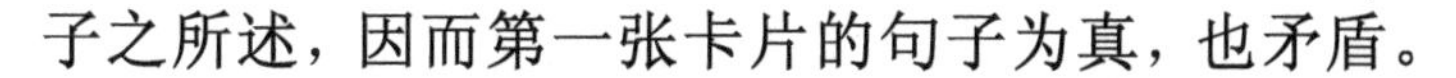
子之所述，因而第一张卡片的句子为真，也矛盾。

这两则推理谈笑间推出了矛盾，但奇迹般原因不明，成为史上最著名的悖论。古往今来关于说谎者悖论的讨论和解答卷帙浩繁，其中最著名的是塔斯基 (Tarski) 的语言分层理论 [16] 和克里普克 (Kripke) 的真值空隙理论 [7]。本书所列关于说谎者悖论的文献应该是冰山一角。十几年前作者对说谎者悖论找到了一个不同的解答 [18]，既不采用语言分层，又坚持了传统的二值逻辑。本章对这一解答做一个详细的解说，希望被更多的读者了解。由于线索较长，我们分小标题叙述。

1. 三卡悖论

先来看一个新发现的“三卡悖论”，它直接导致了我们对说谎者悖论的解答。

三卡悖论

第二张卡片的句子为真，且第三张卡片的句子为假
第一张卡片的句子为假，或第三张卡片的句子为真
第一张和第二张卡片的句子都为真

设第一张卡片的句子为真。由其所述，第二张卡片的句子为真，且第三张卡片的句子为假。这样一来，第三张卡片的句子之所述就被肯定了，因而第三张卡片的句子为真，与刚刚证明的第三张卡片的句子为假的事实矛盾。

再设第一张卡片的句子为假。于是，第二张卡片的句子之所述就被肯定了，因而第二张卡片的句子为真。又，第三张卡片的

阿尔弗雷德・塔斯基 (Alfred Tarski, 1901~1983)

索尔・克里普克 (Saul Kripke，1940∼)

句子之所述就被否定了，因而第三张卡片的句子为假。但这样一来，第一张卡片的句子之所述就被肯定了，因而第一张卡片的句子为真，矛盾。至此已穷尽所有可能而处处遇到矛盾。

这个悖论出自文献 [18]，其陈述和推理都与说谎者悖论和双卡悖论类似，是又一个说谎者型的悖论。它不仅含有“为真”和“为假”，而且含有“且”和“或”，更具逻辑色彩。

读者要问，这个“三卡悖论”从何而来？它是怎样被发现的？为了揭示它的秘密，让我们先用符号把三卡悖论叙述得简练一些。

首先注意，第一张卡片要表现的意思不只是“第二张卡片的句子为真且第三张卡片的句子为假”，而是“第一张卡片的句子说第二张卡片的句子为真且第三张卡片的句子为假”，即第一张卡片的句子“说”另两张卡片如何如何的一个“意指”关系。从表面上看，这张卡片上并没有“第一张卡片的句子说”这几个字，而只写着“第二张卡片的句子为真且第三张卡片的句子为假”。**但悖论用画出第一张卡片的方式无言地暗示了“第一张卡片的句子说”**。另两张卡片也是这样。注意到这是个“意指”关系十分重要，这是理解说谎者悖论的第一个关键点。

因此，如果用 A 表示“第一张卡片的句子”，用 B 表示“第二张卡片的句子”，用 C 表示“第三张卡片的句子”，用“:=”表示“意指”(或“说”，或“所述是”)，用 T 表示“为真”，用 F 表示“为假”，用 $\wedge$ 表示“且”，用 $\vee$ 表示“或”，则三卡悖论就简写为三个“意指”关系式：

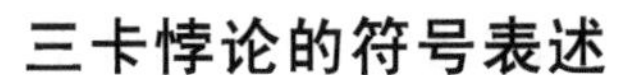

三卡悖论的符号表述

$$\begin{cases} A := BT \wedge CF, \\ B := AF \vee CT, \\ C := AT \wedge BT. \end{cases} \tag{3.1}$$

这样用符号表述，不仅简单明了，更重要的是凸显了这一类悖论的关键词 —— “意指”(即“:=”)。

这三个“意指”关系式最好暂时视为尚未验证的而不是已经验证的。参照代数里的字母的用法，最好写成一个“方程组”

$$\begin{cases} X := YT \wedge ZF, \\ Y := XF \vee ZT, \\ Z := XT \wedge YT. \end{cases} \tag{3.2}$$

当然，把一个式子暂时视为尚未验证的，并不排除它将来被验证的可能性。因此这样写我们并不失去什么，而只是更为审慎。

其实，不少读者从一开始就感觉“这张卡片上的句子”“第一张卡片上的句子”等说法怪怪的。这到底是些什么句子啊？到底是些什么真话、什么假话啊？好像很空洞，没有什么内容啊？这个感觉很有道理，从直觉上抓住了说谎者悖论的第二个关键点：这些句子很空洞。但不要认为“空洞”就是说谎者悖论的谬误所在。空洞并不等于谬误。就像代数学里的“未知数”，或称“变元”，的确很空洞，但并不是什么谬误。实际上，以后我们会看到，“这张卡片上的句子”“第一张卡片上的句子”之类的代表句子的代词，恰相当于代数学里的“未知数”，用 X，Y，Z 来表示非常恰当。

这样一个方程可以被称为**意指方程** (referential equation)，是描写几个句子之间的“意指关系”的方程。它的形式比较特别。就这里的三个句子 X，Y，Z 的例子来说，它的左端是一个字母，或 X 或 Y 或 Z，右端是一个表达式，叙述像“Y 为真且 Z 为假”这样的内容，中间是起着骨干作用的关系词“:=”，读为“意指”，或“说”，或“所述是”。比如这里的第一个方程 $X := YT \wedge ZF$ 就可以读成“第一个句子说第二个句子为真且第三个句子为假”。这种方程是用符号来简化叙述的，其实就是说谎者型悖论的简写。

现在让我们来揭示三卡悖论的秘密：在制作这个三卡悖论时，作者手边摆着一个三元布尔方程组的推理。先插入一段布尔代数简介。

2. 布尔代数简介

布尔代数有一般的定义，这里我们只考虑一个具体的、最简单的布尔代数，只有两个元素 1 和 0，其中 1 代表“真”，0 代表“假”。加法“+”代表“或”，因此加法的规则是：

$$1+1=1,$$

$$1+0=0+1=1,$$

$$0+0=0,$$

分别代表逻辑里的规则“真或真 = 真”“真或假 = 真”“假或真 = 真”“假或假 = 假”。乘法“$*$”代表“且”，因此乘法的规则是：

$$1*1=1,$$

$$1*0=0*1=0,$$

$$0*0=0,$$

分别代表逻辑里的规则“真且真 = 真”“真且假 = 假”“假且真 = 假”“假且假 = 假”。还有一个运算“非”，把 0 变成 1，把 1 变成 0，记号是上面加一个小横。于是

$$\bar{0}=1, \quad \bar{1}=0.$$

这就是本章要用的最简单的布尔代数。

下面就是当时作者手边摆着的那个布尔三元方程组，其中的 x，y，z 取值 0 或 1。如通常，乘法符号省略。

定理 3.1 布尔方程组

$$\begin{cases} x=y\bar{z}, \\ y=\bar{x}+z, \\ z=xy \end{cases} \tag{3.3}$$

无解。

证明 用反证法。假设方程组有解，即假设有三个常数 x,y，z 满足方程组 (3.3)，我们来推导矛盾。

设 $x=1$。由方程 (1)，得 $y=1$，且 $z=0$。这样一来，由方程 (3)，得 $z=1$，与刚刚证明的 $z=0$ 矛盾。

乔治·布尔 (George Boole，1815～1864)

再设 $x = 0$。于是，由方程 (2)，得 $y = 1$。又由方程 (3)，得 $z = 0$。但这样一来，代入方程 (1) 就得 $x = 1$，矛盾。

此矛盾证明该布尔方程组无解。证毕。

3. “三卡悖论”的秘密和初步解答

现在来揭示三卡悖论的秘密：三卡悖论是定理 3.1 反证法的掐头去尾的翻译。

先来翻译定理的陈述部分。我们知道，布尔代数的乘法就是逻辑学里的“且”，加法就是逻辑学里的“或”，上横线就是逻辑学里的“非”。于是，定理 3.1 的第一个方程翻译为日常用语就是：

第一张卡片的句子说第二张卡片的句子为真且第三张卡片的句子为假。

把其中“第一张卡片的句子说”这层意思**用画出第一张卡片的方式来无言地表达**，就得到

第二张卡片的句子为真，且第三张卡片的句子为假

这就是第一张卡片的由来。其他两张卡片也是这样来的。

读者也许注意到了，定理 3.1 陈述里的两个词组“三元布尔方程组”和“无解”被隐去了，没有翻译 (这使得三卡悖论一上来就是三张卡片，显得很突兀。说谎者悖论和双卡悖论也是这样没头没脑开始的)。这样做和 2.1 节移除原理的“掐头去尾”一样，都是为了使推理中的假设变得隐蔽，以造成悖论。“掐头去

尾”是隐去定理**证明**的“头尾”，这里是隐去定理**陈述**的两个词组。这两个“隐去”都不改变该假设在推理中的实质作用，为说话方便，下面常常把它们都统称为“掐头去尾”。

再来翻译定理的证明部分。我们知道布尔代数的“1”代表“真”,“0”代表“假”，所以 $x=1$ 就翻译为“第一张卡片的句子为真”，$z=0$ 就翻译为“第三张卡片的句子为假”，等等。现在来逐句翻译定理 3.1 的证明。反正过一会要隐去开头句和结尾句，所以我们就掐头去尾，只翻译中间的部分:

设 $x=1$ (设第一张卡片的句子为真)。由方程 (1)，得 $y=1$，且 $z=0$ (由其所述，第二张卡片的句子为真，且第三张卡片的句子为假)。这样一来，由方程 (3)，得 $z=1$，与刚刚证明的 $z=0$ 矛盾 (这样一来，第三张卡片的句子之所述就被肯定了，因而第三张卡片的句子为真，与刚刚证明的第三张卡片的句子为假的事实矛盾)。

再设 $x=0$ (再设第一张卡片的句子为假)。于是，由方程 (2)，得 $y=1$ (于是，第二张卡片的句子之所述就被肯定了，因而第二张卡片的句子为真)。又由方程 (3)，得 $z=0$ (又，第三张卡片的句子之所述就被否定了，因而第三张卡片的句子为假)。但这样一来，代入方程 (1) 就得 $x=1$，矛盾 (但这样一来，第一张卡片的句子之所述就被肯定了，因而第一张卡片的句子为真，矛盾)。

括弧里的译文就是三卡悖论的推理 (请读者对照)。三卡悖论就是这样来的。不出所料，一个好端端的反证法，成了一段推

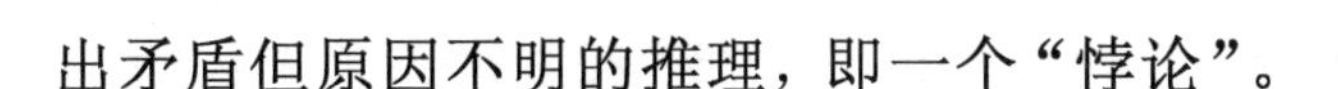

出矛盾但原因不明的推理，即一个“悖论”。

但是，全部问题在于，根据 2.1 节的**移除原理**，移去反证法的头尾不影响推理的逻辑本质。既然定理 3.1 推出矛盾是由于假设了方程组有解，三卡悖论的解答就必然是：

三卡悖论的初步解答　三卡悖论的推理隐蔽地假设了“方程组有解”，就是这一假设导致了矛盾。

我们稍后再分析这里的“方程组有解”是什么意思。现在先确定，这里存在一个假设。**要知道，说谎者悖论从来被认为没有什么特别的假设，推出矛盾一定是人类思维的规则本身哪里出了问题。“三卡悖论”的秘密说明，事情并非如此。**

4. 三卡悖论的正式解答

三卡悖论的上述解答是初步的，尚需解释其中所说的“方程组有解”是什么意思。让我们先回顾一下代数学里的“方程”和“解”是什么意思。在代数学里，在假定“数”的概念已经清楚的前提下，与“方程”和“解”有关的，依逻辑顺序有 4 个概念：

- **常元** (或称**常数**) 是指具体的、确定不变的数。
- **变元** (或称**未知数**) 是指一个符号，代表某个尚未确定的数，常用 x, y 等表示。自然语言常说成“甲数”“乙数”“第一个数”“第二个数”等。
- **方程** 是指含有未知数的等式。
- **方程的解** 是指满足方程的常数，即取代未知数的位置后使方程两端相等的常数。

注 3.1 在中学代数课本里，使方程两端相等的未知数的值叫作方程的解。这个定义没有使用“常数”的术语，但“值”也就是常数，其实是一样的。注 3.1 结束。

但对三卡悖论，即使有“句”的概念 (本章所说的“句”是指传统逻辑的“命题”，即能够判断真假的陈述句)，也还没有“方程”和“解”的概念。必须比照代数学，在语言学里相应建立这 4 个概念，才能说清三卡悖论的初步解答里的“方程组有解”是什么意思。代数学里的这 4 个概念是对“数”来说的。对照 (3.2) 和 (3.3) 即知，对应于数 x，y，z 的是句 X，Y，Z. 因此在语言学里这 4 个概念应该对“句”来建立，定义应该是:

- **句常元** 是指具体的、确定不变的句。

- **句变元** 是指一个符号，代表某个尚未确定的句，常用 X,Y 等表示。自然语言常说成“甲句”“乙句”“第一个句”“第二个句”等。

- **意指方程** 是指描写句变元之间的意指关系的一种式子。它的左端是一个句变元，比如 X，中间是意指符号“:=”，右端是像 $YT \wedge ZF$ 这样的式子。

- **句解** 是指满足意指方程的句常元，即取代句变元的位置后使该意指关系成立的句常元。

为简便起见，以后我们常把意指方程称为“句方程”。按说“句方程”应该是一个比意指方程更一般的概念。不过因为本书所说的“句方程”无一例外是意指方程，在本书中也就常常通用了。于是，四个概念都以“句”字开头，就很整齐。

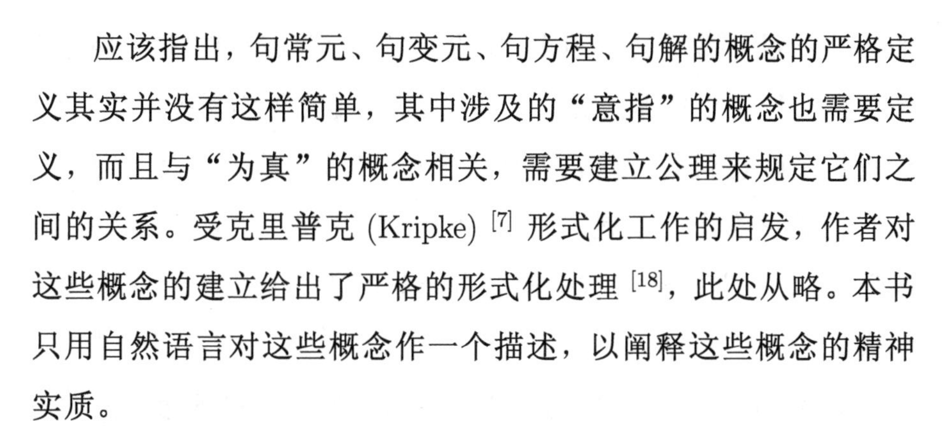

应该指出，句常元、句变元、句方程、句解的概念的严格定义其实并没有这样简单，其中涉及的“意指”的概念也需要定义，而且与“为真”的概念相关，需要建立公理来规定它们之间的关系。受克里普克 (Kripke) [7] 形式化工作的启发，作者对这些概念的建立给出了严格的形式化处理 [18]，此处从略。本书只用自然语言对这些概念作一个描述，以阐释这些概念的精神实质。

读者也许会问，在语言学里一口气建立这 4 个类似于代数学的概念真有道理吗？不牵强吗？

我们说，真有道理，不牵强。三卡悖论既然是我们自己制作的，我们就知道它的秘密。三卡悖论是从定理 3.1 逐句翻译而来，它推出矛盾的原因难道还能与定理 3.1 逻辑上不同吗？既然定理 3.1 推出矛盾是因为假设了方程组有解，三卡悖论推出矛盾也只能是因为假设了“方程组有解”。至于“方程”“解”等概念对“句”来说尚无定义，那就在保持逻辑含义的前提下对“句”建立这些定义好了。面对三卡悖论的挑战我们除了建立这些概念别无选择。

从哲学上讲，“方程”和“解”的概念反映了虚拟的事物与真实的事物之间的区别。所谓“方程”，是虚拟的事物所满足的关系，而“解”则是满足该关系的真实的事物。初中代数与小学算术不同的地方就是引进了符号“x”，表示“未知数”，即一个虚拟的数，用它来表出某个等式关系，就是“方程”。至于这个方程有没有“解”，即这个虚拟的数所满足的等式有没有某个真实的数来满足，那是另一回事，可以有，也可以没有。把“虚拟”和“真实”加以区别，是一个简单而重要的哲学思想。这一哲学思想反映在代数学里，就是“常元”“变元”“方程”“解”，反映在语言学里，就是“句常元”“句变元”“句方程”“句解”。在语言学里建立这些概念有充分的哲学依据，绝不是牵强附会。

这些“代数学的”概念非常有力量。有了这些概念，三卡悖论初步解答里的短语“方程组有解”是什么意思就清楚了，初步解答也就立刻升级为下面的正式解答 (请读者将这一正式解答与上一小节末的初步解答做一对比)：

三卡悖论的正式解答 三卡悖论是一个句方程组

$$\begin{cases} X := YT \wedge ZF, \\ Y := XF \vee ZT, \\ Z := XT \wedge YT. \end{cases} \tag{3.4}$$

三卡悖论的推理隐蔽地假设了该句方程组有句解。就是这一假设导致了矛盾。

我们知道，反证法的“头”和“尾”都是该反证法假设的不同方式的陈述。具体说，定理的陈述是该假设的否定，定理证明的“头”是宣布该假设成立以开始证明，“尾”是宣布该假设不成立以结束证明。因此，**一旦发现了一个悖论推理中的隐蔽的假设，就可以立即把这个悖论补上反证法的“头尾”写成定理和证明的形式。**

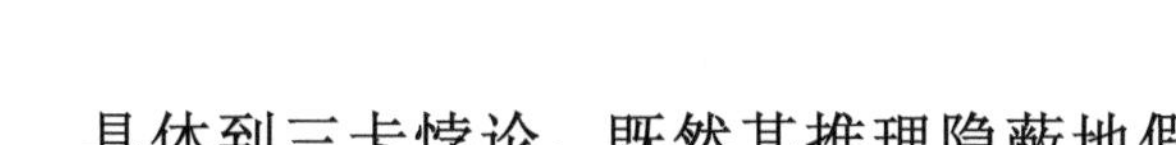

具体到三卡悖论，既然其推理隐蔽地假设了该句方程组有句解，三卡悖论所对应的定理和证明就必然是：

定理 3.2 三卡方程组

$$\left\{\begin{array}{l} X := YT \wedge ZF, \\ Y := XF \vee ZT, \\ Z := XT \wedge YT \end{array}\right. \tag{3.5}$$

无句解.

证明 用反证法。假设方程组有句解，即假设有三个句常元 X，Y，Z 满足方程组。

设 X 为真。由方程 (1)，Y 为真且 Z 为假。故由方程 (3) 知，Z 为真，与刚刚证明的 Z 为假的事实矛盾。

再设 X 为假。于是，由方程 (2)，Y 为真。又，由方程 (3)，Z 为假。但这样一来，代入方程 (1) 就得 X 为真，矛盾。

此矛盾证明三卡方程组无句解。证毕。

其中楷体字的两段就是三卡悖论的推理。顺便说一下，使用符号的表述比原来绕口令般的使用文字的表述要简洁多少啊。

定理 3.2 是定理 3.1 的完整翻译。当初为制作三卡悖论一方面必须隐去定理 3.1 的头尾不翻译 (请读者翻回上一小节的翻译过程查看当时隐去未翻译的代数术语：“布尔方程组”“无解”“有解”“常数”“方程”等)，另一方面当时想翻译也翻译不了 —— 没有所需要的术语。现在有了“句方程”“句解”等术语，定理 3.1 的头尾就可以一同翻译过来，于是三卡悖论就被发现处于一个完整的反证法之中，它推出矛盾的原因就一目了然了，“悖论”也就不悖了。

5. 说谎者悖论的解答

三卡悖论的解答直接导致了说谎者悖论的解答。说谎者悖论也不只是“这张卡片上的句子为假”，而其实是“这张卡片上的句子”“说”“这张卡片上的句子为假”的一个意指关系。**说谎者悖论用画出卡片的方式无言地暗示了“这张卡片上的句子说”**。因此，如果用 X 表示“这张卡片上的句子”，用“:=”表示“意指”(或“说”，或“所述是”)，用 F 表示“为假”，则说谎者悖论就简写成一个意指方程

$$X := XF.$$

由于这里是“这张卡片上的句子”意指自己如何如何，故这个意指关系被特别地称为“**自指**”关系。有些作者不使用意指号“:=”而使用等号“=”，把说谎者悖论表述为 $X = XF$. 本章所有结论在等号“=”这一更强的关联词下自动成立。

与说谎者悖论对应的布尔方程问题是：

定理 3.3 *布尔方程 $x = \bar{x}$ 无解。*

证明 用反证法。假设方程有解，即假设有一个常数 x 满足方程，我们来推导矛盾。

若 $x = 1$ (若这张卡片上的句子为真)，则由方程，知 $x = 0$ (则肯定其所述，故这张卡片上的句子为假)，矛盾。反之，若 $x = 0$ (若这张卡片上的句子为假)，则由方程，知 $x = 1$ (则否定其所述，故这张卡片上的句子为真)，也矛盾。

此矛盾证明该布尔方程无解。证毕。

我们已经把说谎者悖论的推理嵌进了定理 3.3 的反证法中进行比较。说谎者悖论的推理显然是该反证法的掐头去尾的翻译 (这里说“翻译”是就逻辑而言。若就历史而言，说谎者悖论要比布尔代数早 2000 多年)。既然定理 3.3 推出矛盾是由于假设了“方程有解”，说谎者悖论推出矛盾也只能是由于假设了“方程有解”。由于已经有了“句方程”“句解”等概念，我们就知道，对说谎者悖论来说，“方程有解”的确切说法应该是“句方程有句解”，于是就可以跳过“初步解答”，直接陈述说谎者悖论的正式解答了：

说谎者悖论的解答 说谎者悖论表面上是“这个句子为假”，实际上是“这个句子”意指“这个句子为假”，即句方程 $X := XF$。说谎者悖论的推理隐蔽地假设了该句方程有句解。就是这一假设导致了矛盾。

和三卡悖论一样，既然发现了说谎者悖论推理的隐蔽的假设，就可以补上反证法的“头尾”，写出说谎者悖论所对应的定理和证明了：

定理 3.4 *说谎者方程 $X := XF$ 无句解。*

证明 假设有句解，即假设有一个句常元 X 满足说谎者方程。

若 X 为真，则肯定其所述，故 X 为假，矛盾。反之，若 X 为假，则否定其所述，故 X 为真，也矛盾。

此矛盾证明说谎者方程无句解。证毕。

其中楷体字的一段就是说谎者悖论的推理。可以清楚地看到，在发现了隐蔽的假设并有了表述这一假设所需的“句方程”“句解”等术语，从而可以补上反证法的“头尾”之后，说谎者悖论如何风平浪静，彻底被消解了。

注 3.2 说谎者悖论是一个“自指”关系，这一点早已是文献中的普遍认知，比如说谎者悖论的如下常见的表述就明确点出了“自指”：

$$L\text{: } L \text{ 为假，}$$

其中 L 表示“这个句子”。

本书的表述

$$X := XF$$

则在“自指”的基础上，进一步认识到这个 L 有点空洞，没有什么内容，应该写作 X，或者说这只是一个“方程”。现在我们知道这是整个问题的关键：说谎者悖论的矛盾所证明的正是 L 没有内容，或者说 L 只是个句变元而不是个句常元，也或者说这个方程无句解。

注 3.3 说谎者悖论隐蔽地假设了“有解”，这是作者的文章 [18] 的关键观察。罗素的经典名著《数理哲学导论》(2006) 德文版 [13] 的长篇序言指出：“这类悖论，如永远说谎的克里特岛人，或者罗素的理发师，都归结到一个隐蔽的、未经证明的存在性假设 (见 Wen，2001)。”该序言引用的就是文献 [18]。

6. 说谎者悖论为什么是“意指”？

上一节我们得到了说谎者悖论的解答，但仔细想想会发现，这一解答还需要进一步的说明，否则不能算很彻底。

说谎者悖论的解答包含两个断言，一是说谎者悖论不是单纯的一句话“这个句子为假”，而是“这个句子”意指“这个句子为假”的一个“意指”关系 (甚至一个“句方程”)。但说谎者悖论为什么是一个“意指”关系，本书到目前为止，给出的理由只是卡片无言的暗示 (不少文献虽认同说谎者悖论是“意指”，但没有解释为什么)。暗示当然不够，需要确凿的解释才行。

说谎者悖论的解答所做的另一个断言是，说谎者悖论的推理假设了该句方程有句解。该推理只有寥寥两句话：“若这张卡片的句子为真，则肯定其所述，故这张卡片的句子为假，矛盾。反之，若这张卡片的句子为假，则否定其所述，故这张卡片的句子为真，也矛盾。”其中哪里用到了“有句解”的假设？需要明确指出来才行。让我们把这两个问题明确陈述如下：

问题一　说谎者悖论为什么是“意指”？

问题二　说谎者悖论的推理哪里用到了“有句解”的假设？

先来回答问题一：说谎者悖论为什么是“意指”？

应该说，用卡片来无言地暗示“意指”还算比较明朗的，说谎者悖论的许多表述方式的“意指”含义更为隐蔽。我们来看两个这样的表述方式。一个是用引号：

说谎者悖论　“这句话为假”。

这一对引号有点奇怪。人们使用引号，是在某个内容第一次出现之后再出现时的引用。说谎者悖论的陈述第一次出现，就用了引号，这是什么意思呢？

作者猜想，这一对引号是暗示："这个句子为假"就是"这个句子"(这样猜想其实有迎合之嫌)。也就是说，"这个句子"意指"这个句子为假"，即"意指"关系 $X := XF$。这应该就是这一对引号的用意。

但说谎者悖论是不是"意指"，不能靠猜，不能靠迎合，而只能从它的推理去分析。真正的依据其实就藏在说谎者悖论的推理之中。为读者方便，让我们把这段推理再陈述一遍：

若这个句子为真，则肯定其所述，故这个句子为假，矛盾。反之，若这个句子为假，则否定其所述，故这个句子为真，也矛盾。

这里的关键词是"其所述"。推理中有两个"其所述"，比如我们来看第一个"其所述"。从它的上句可以看出，"其"是指"这个句子"。从它的下句可以看出，其"所述"是"这个句子为假"(请读者仔细检查是否如此)。这就说明，"这个句子"的所述是"这个句子为假"，或者说"这个句子"说"这个句子为假"，所以确实是意指关系 $X := XF$。可见说谎者悖论为什么是"意指"，真正的原因就藏在它的推理之中。

读者也许会说，这不把句子都拆开了吗？本来是"这个句子为假"，这又来了一个"这个句子"，再一结合，又成了"这个句子"意指"这个句子为假"。这种拆开和结合，是被允许的吗？

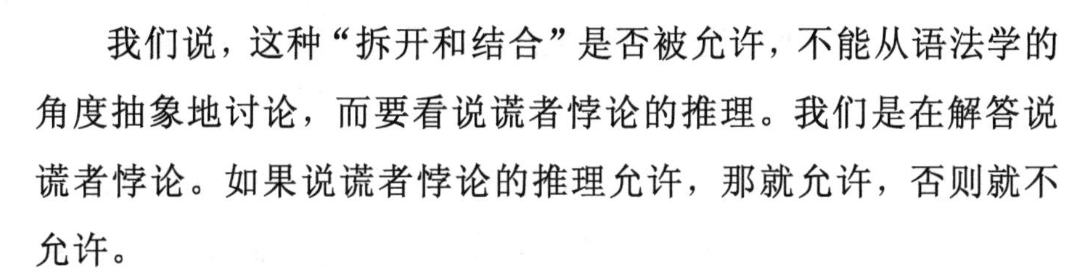

我们说，这种“拆开和结合”是否被允许，不能从语法学的角度抽象地讨论，而要看说谎者悖论的推理。我们是在解答说谎者悖论。如果说谎者悖论的推理允许，那就允许，否则就不允许。

说谎者悖论的推理一上来就说“若这个句子为真”，这就做了“拆开”，出来了一个代词“这个句子”。随后就是“其所述”为“这个句子为假”，也就是“这个句子”说“这个句子为假”。可见，这种特定方式的“拆开和结合”，是说谎者悖论推理本身的做法，是说谎者悖论推出矛盾的手段。

说谎者悖论是一个“意指”关系，这不是我们强加给它的看法，而是说谎者悖论自身固有的属性。**说谎者悖论推理里的关键词“其所述”就决定了说谎者悖论是一个意指关系，一个关于“这个句子”和“这个句子的所述”之间的意指关系。**

按说，说谎者悖论陈述里的一对引号是什么意思，作为题目的一部分应该交代清楚，而不应该让读者自己去猜。数学和逻辑学的题目可以很难，但题目的含义很清楚，不会让读者自己去猜。所以作者有个感觉：悖论似乎不纯粹是逻辑问题，有点像谜语。作者在第 1 章提出的悖论定义里使用了“原因不明”的用语，有个缘故就是，作者觉得悖论有谜语的意味。

另一种更为古老的表述方式也是用引号，但不用代词“这个句子”和谓词“为假”，而用第一人称“我”和谓词“说谎”：

说谎者悖论　“我在说谎”。

它的推理是：若我在说真话，则肯定我的所述，故我在说谎，矛盾。反之，若我在说谎，则否定我的所述，故我在说真话，也矛盾。

这里的关键词是“我的所述”。我们来看第一个“我的所述”。从它的下一句就可以看出，“我”的所述是“我在说谎”，也就是说，“我说的句子”的所述是“我说的句子为假”，所以仍然是意指关系 $X := XF$。但这样间接谈论人称“我”而不是直接谈论“句子”，感觉上就与数学离得更远，问题的实质就变得更隐蔽。

说谎者悖论似乎带有一点原始的色彩，题目里最重要的一点——“意指”关系，交代得不是很清楚。给我们关键启发的是三卡悖论。因为三卡悖论是由一个布尔方程组翻译而来，所以它的“意指”和“方程”的含义确定无疑。

7. 说谎者悖论的推理哪里用到了“有句解”的假设?

再来回答问题二：说谎者悖论的推理哪里用到了“有句解”的假设?

所谓“解”就是“满足方程的常元”，因此“解”的问题就分解为“满足方程”和“常元”两个问题。让我们仔细检查，说谎者悖论的推理哪里用到了“满足句方程”假设，哪里用到了“句常元”假设。

先来检查“满足句方程”假设。在说谎者悖论的推理中，究竟哪里用到了“这张卡片的句子” X 满足句方程 $X := XF$? 其实这是显然的。说谎者悖论的推理的第一句话是“…… 肯定其所述，故这张卡片的句子为假。”这就用到了“这张卡片的句子”的所述是“这张卡片的句子为假”，也就是说，用到了“这张卡片的句子”X 满足句方程 $X := XF$。从反面想想也很显然：如果“这张卡片的句子”不满足句方程 $X := XF$，怎能从“这张卡片的句子为真”一步推出“这张卡片的句子为假”？

再来检查“句常元”假设。在说谎者悖论的推理中，究竟哪里用到了“这张卡片的句子”，即方程 $X := XF$ 中的 X，是“句常元”？

这个“句常元”假设是整个说谎者悖论最微妙、最隐蔽的地方。到目前为止，我们断定说谎者悖论的推理用到了 X 是句常元的假设，依据是与定理 3.3 证明的比较 (三卡悖论则是与定理 3.1 证明的比较)。定理 3.3 的证明一开始就宣示了“假设 x 是常数”。只要找到其证明中哪里用到了 x 是常数的假设，翻译过来就知道，说谎者悖论的推理哪里用到了 X 是句常元的假设。

但是，定理 3.3 的证明哪里用到了 x 是常数的假设，居然找不到！为读者方便，让我们把定理 3.3 的证明再写一遍：

定理 3.3　*布尔方程 $x = \bar{x}$ 无解。*

证明　用反证法。假设方程有解，即假设有一个常数 x 满足方程，我们来推导矛盾。

若 $x = 1$，则由方程，知 $x = 0$，矛盾。反之，若 $x = 0$，则由方程，知 $x = 1$，也矛盾。

此矛盾证明该布尔方程无解。证毕。

楷体字的部分就是证明，只有寥寥两句话。现在请读者找一找，其中哪里用到了 x 是常数的假设？难道 x 不是常数就不能写 $x=1$ 这样的式子吗？

好像真找不到。这真令人意外。这不是代数吗？怎么会找不到呢？不仅布尔代数，普通代数也有这个问题。类似的情况我们在中学就遇到过很多次，为了省事我们没有把符号 x 换成常数符号 a，而是直接假设 x 是常数并在证明的开头加以声明。我们从不怀疑证明中用到了 x 是常数的假设，否则开头声明的“假设 x 是常数”岂不成了空话？但是怪了，就是找不到。

后来终于找到了一个地方 (应该还有其他地方)，用到了 x 是常数的假设，请读者细察：

先看第一句推理：“若 $x=1$，则由方程，知 $x=0$，矛盾。”这个“x”，从 $x=1$，到 $x=0$，在这个推理过程中必须始终代表同一个数，它既等于 1 又等于 0 才是矛盾！**如果这个“x”在这个过程中可以代表不同的数，那它既等于 1 又等于 0 就不是矛盾**。换句话说，当我们断言“矛盾”时，就用到了 x 是常数的假设。至于第二句推理，“若 $x=0\cdots\cdots$”，那就是第二个推理过程了，其中的“x”可以是另外一个数，但它在第二个推理过程中也必须始终代表同一个数，不能变。这就是为什么必须假设 x 是常数才能推出矛盾，定理 3.3 的证明始终假设了“x 是常数”。

既然找到了定理 3.3 的证明哪里用到了“x 是常数”的假设，翻译过来就知道，说谎者悖论的推理哪里用到了 X 是句常元的假设。下面请读者仔细对照：

先看第一句推理：“若这张卡片上的句子为真，则肯定其所

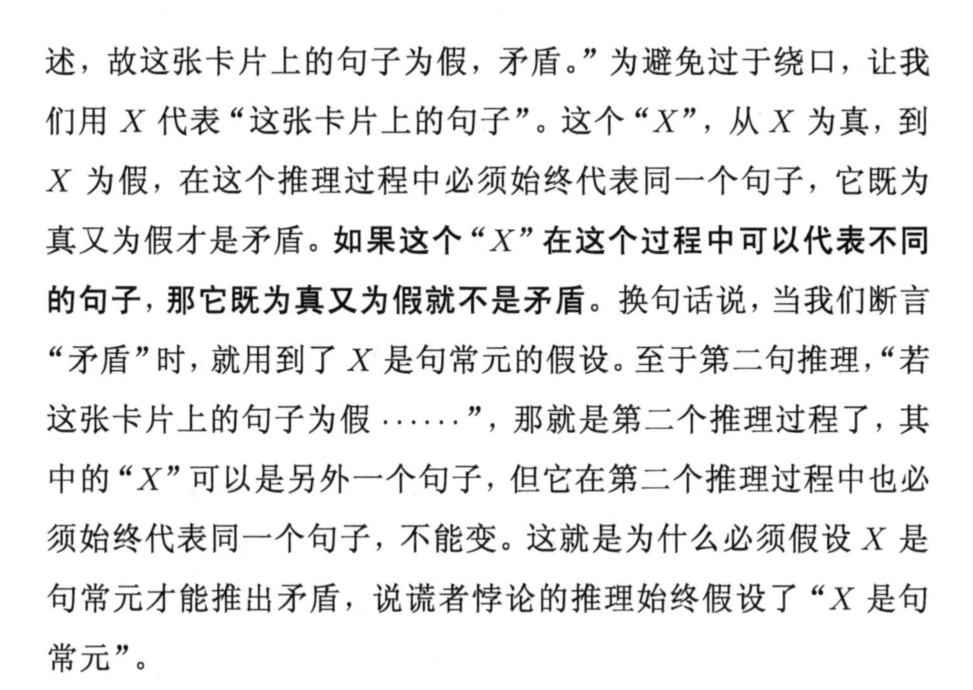

述，故这张卡片上的句子为假，矛盾。”为避免过于绕口，让我们用 X 代表“这张卡片上的句子”。这个“X”，从 X 为真，到 X 为假，在这个推理过程中必须始终代表同一个句子，它既为真又为假才是矛盾。**如果这个“X”在这个过程中可以代表不同的句子，那它既为真又为假就不是矛盾**。换句话说，当我们断言“矛盾”时，就用到了 X 是句常元的假设。至于第二句推理，“若这张卡片上的句子为假 ……”，那就是第二个推理过程了，其中的“X”可以是另外一个句子，但它在第二个推理过程中也必须始终代表同一个句子，不能变。这就是为什么必须假设 X 是句常元才能推出矛盾，说谎者悖论的推理始终假设了“X 是句常元”。

原来，“句常元”假设至少用在：**如果不“常”，那它既为真又为假就不是矛盾**，多简单的道理啊！

莫非就因为太简单太自然了，这个假设竟然 2000 多年未被察觉？如果不是代数学发现了“常数”是一种假设条件，是否我们至今也不会想到“句常元”是一种假设条件呢？

2.1 节说过，可以通过掐头去尾变成悖论的反证法具有这样一个特点：其假设虽做了明确的宣示，却很难看出用在了哪里(但实际上起着作用)。在这一点上，说谎者悖论可谓登峰造极。即使是在 2500 年后的今天，即使定理 3.3 的反证法明确宣示了“假设 x 是常数”，我们仍很难找到这个“常数”假设用在了哪里，何况古老的说谎者悖论不但没有宣示“假设这个句子是句常元”，甚至连“句常元”的概念都没有！可以想见，实际存在的“句常元”假设在说谎者悖论的推理里隐藏有多深！

曾经读过一段故事，讲述一块琥珀形成的历史。远古时期一团树脂从树上落下，恰巧裹住一只小飞虫，又恰巧随即发生地震，被埋入地底，由于某个偶然的原因没有腐烂，经过几千万年成了化石。说谎者悖论的形成之难得，就像这个琥珀的故事令人叹为观止。这个古老的语言学悖论触及“变元”“方程”现象，居然比代数学早了1000多年！

小结一下，说谎者悖论的推理确实用到了“这张卡片的句子”X 满足句方程 $X := XF$，而且用到了 X 是句常元。也就是说，说谎者悖论的推理确实用到了该句方程“有句解”的假设。*这个假设的使用非常隐蔽。在没有意识到语言里句与句之间也有“方程关系”的情况下，几乎没有可能发现，说谎者悖论的这些“为真”“为假”的推理，是在句方程“有句解”这一隐蔽的假设下进行的。*

至此我们回答了问题一和问题二：说谎者悖论为什么是“意指”，以及说谎者悖论的推理哪里用到了“有句解”的假设，从而最终结束了对说谎者悖论的解答。

8. 语言学中的代数学现象

“句常元”“句变元”“句方程”“句解”等概念是三卡悖论迫使我们建立的。站在语言学的角度我们要问，这些概念在日常语言里有没有更朴素的表现呢？

其实是有的。比如“句变元”，按照本章第4节的定义，就

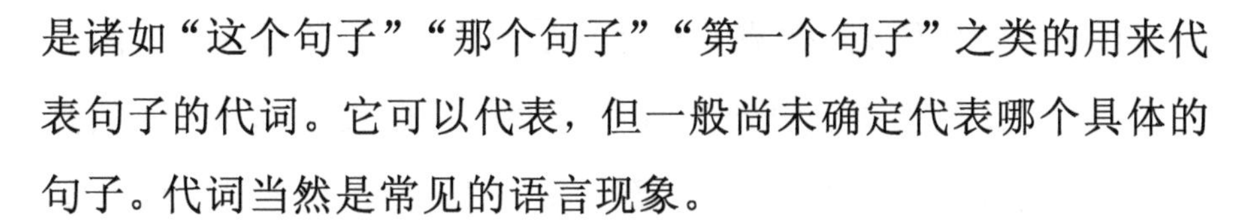

是诸如“这个句子”“那个句子”“第一个句子”之类的用来代表句子的代词。它可以代表，但一般尚未确定代表哪个具体的句子。代词当然是常见的语言现象。

更准确地说，这里所说的代词是所谓“不定代词”。代词可以分为两类。一类代词所代之物比较确定，比如“他”，所代之人从上下文看常常十分确定。另一类代词所代之物不大确定，比如“甲数”“乙数”，是作者小时候算术课上用来表示两个未知数所用的，相当于后来中学代数课程里的 x，y，所代之数就很不确定。这里我们所说的作为“句变元”的代词，就相当于 x，y，所代之句很不确定，这也是为什么我们用 X，Y 来表示它们。

又如“句方程”现象，其实日常语言里也有。我们知道“甲数等于乙数加一，乙数等于甲数加二”用符号来表达就是代数方程组“$x=y+1$，$y=x+2$”。那么双卡悖论“甲句说乙句为真，乙句说甲句为假”用符号来表达不也是方程组“$X:=YT$，$Y:=XF$”吗？只不过不是关于“数”的方程组，而是关于“句”的方程组罢了。“甲数”“乙数”之间的关系就是代数方程，那么“甲句”“乙句”之间的关系不就是“句方程”吗？可见“句方程”的概念是多么朴素、自然，对描写说谎者型悖论是多么重要啊！

让我们用代词和谓词的朴素语汇给说谎者型悖论做一个扼要的小结。说谎者型悖论有两个要素：一个或几个代表句子的代词，以及它们之间的一个关系谓词“意指”，记号为“:=”。一个代词与它的意指就构成一个“句方程”的左右两端，中间用意指符号“:=”联接。如果这些代词没有什么具体的内容，只是“甲句”“乙句”“这个句子”“那个句子”，空洞地出现，而且其意指恰好也是关于它们自己“为真”“为假”的空洞的断言，那么就成了两端都含有这些空洞代词的方程或方程组，这时就可能逻辑上蕴含矛盾，即“无句解”。但我们观念上还没有“句常元”和“句变元”的区分因而还没有“句解”的概念，甚至连“句方程”的概念也不明确，所以这个“无句解”的事实就无法理解甚至无法表述，就成了“悖论”。这就是说谎者悖论、双卡悖论、三卡悖论所反映的真实的语言困境。为厘清这些问题，我们提出了“句常元”“句变元”“句方程”“句解”的概念。它们描写的都是语言学里客观存在的现象。**语言学中可以有本质上是代数学的现象，这也许是说谎者悖论给我们的最重要的启示。**

有一种看法认为本书“用代数学方法研究语言学中的悖论”。这种看法有一定道理但不太准确。与其说本书用代数学方法研究语言学中的悖论，不如说本书研究了语言学中的代数学现象。这种代数学现象是语言学中本来就存在的，本书只是发现了这一现象而已。

9. 假如没有虚拟和真实的区分……

“语言学里有本质上是代数学的现象”，这个说法十分简洁明快。但代数学现象终归有哲学依据。从哲学角度看，说谎者悖论之所以成为悖论，就是因为没有区分虚拟的事物和真实的事物。我们来解释一下。

我们来看一个最简单的 (非布尔的普通) 代数方程 $x = x+1$。人人皆知这是一个无解方程，没有人觉得它有什么稀奇。但设想一下，一位代数学出现之前的古人，不怀疑这个等号，却又毫无常数、未知数之分的观念，也许就会困惑："真怪啊，这个 x 竟然等于它自身加 1，这不是自相矛盾吗？"对我们来说当然想不到会有这样天真的问题。但若真有这样一位古人穿越时空向我们求教，我们该怎样解释呢？读者想一想就一定会这样回答："噢，这不奇怪，这不是自相矛盾，这个 x 只是个未知数，而不是个常数，或者说这只是个虚拟的等式，而不是个真实的等式。这种等式我们叫'方程'，所得矛盾证明这个方程无解。"显然，我们之所以能轻易回答这位古人的困惑，就是因为我们拥有"未知数""常数""方程""解"等概念，能区分虚拟的等式和真实的等式。

说谎者悖论其实与这个例子完全类似。说谎者悖论也是个方程，是个句方程 $X := XF$, 其中 X 表示代词"这张卡片上的句子"。由于不怀疑这个意指关系，却又毫无"句常元""句变元"的区分的观念，我们也曾觉得困惑："真怪啊，这个句子 X 竟然说它自己为假，这不是自相矛盾吗？"现在有了"句方程"等一系列概念，就能像回答 $x = x + 1$ 那样轻易回答关于说谎者悖论的困惑了："噢，这不奇怪，这不是自相矛盾，这个 X 只是个句变元，而不是个句常元，或者说这只是个虚拟的意指式，而不是个真实的意指式。这种意指式我们叫'句方程'，所得矛盾证明这个句方程无句解。”

相传古希腊诗人、学者斐勒塔(Philitas) 为说谎者悖论殚精竭虑，身心交瘁而死。他的墓碑上刻着一首诗：

啊，陌生人

科斯的斐勒塔就是我

使我致死的是说谎者

无数个不眠之夜造成了这个结果

这样的人多么纯洁、崇高！出现过这样的人，是古希腊文明的骄傲，也是人类理性的骄傲。要知道他生活在遥远的古代，不要说“句方程”和“句解”，就是代数学的“方程”和“解”，也要在他之后 1000 多年才会出现！

谨以此书献给这位人类历史上用生命追求逻辑纯洁的先哲。

10. 附注

为了一口气给出说谎者悖论的解答，我们在前面略去了它的其他一些侧面。现在让我们以附注的方式多做一些讨论。

注 3.4 上述对说谎者悖论的解答凸显了说谎者悖论与布尔代数的关系。三卡悖论是从布尔方程组 (3.3) 的证明掐头去尾翻译过来的 (而布尔方程组 (3.3) 是我们试了几下凑出来的)。以一定形式的 n 元无解布尔方程组为模型，读者可以制作出无数个这样的“说谎者型悖论”。卡片的数目 n 可以要多大有多大，推理可以要多复杂有多复杂。说谎者悖论、双卡悖论、三卡悖论只不过是其中最简单的三个。布尔代数使这类推理的表述变得简短而醒目，没有布尔代数的帮助，我们永远也不会想到，在我们的语言中还有这么多、这么复杂的说谎者型的“悖论”。(当然，现在我们知道“谜底”了，这些就都不能算什么“悖论”了。)

注 3.5　一般认为说谎者悖论是语义悖论而不是逻辑悖论。但以上分析说明，说谎者悖论里出现的矛盾完全是布尔逻辑性质的。尽管说谎者悖论用日常语言陈述，而且以“为真”“为假”为主要用语，但它主要是逻辑悖论。

注 3.6　一种常见的看法认为，“自指”(self-reference) 是导致说谎者悖论的主要原因。自指当然是一个原因，但不是主要的原因。代数学里有大量像 $x = 2x + 1$ 和 $x = x + 1$ 的“自指”关系，不论有解无解都不是“悖论”。但如果分不清变元、常元，即使是代数学的 $x = x + 1$ 也会成为“悖论”，就像第 9 小节里那位古人的故事。可见比“自指”更本质的是变元和常元的区分。另外，自指也不是普遍的原因，三卡悖论就不好说是“自指”。

注 3.7　第 4 小节说到，文献 [18] 对“句方程”“句解”等概念的建立给出了完整的形式化处理，这里做一简单说明。

我们的做法是从命题逻辑出发，加进一个一元谓词“为真”(也就是上面的“T”) 和一个二元谓词“意指”(也就是上面的“:=”)。这两个谓词密切相关，需要一同引进。二者的关系满足下面的公理：

真与意指关系公理　一个句子为真当且仅当其意指被肯定。

说谎者悖论、双卡悖论、三卡悖论的所有推理都是这条公理的反复应用。推理规则如此之少，是说谎者型悖论的一个特点。

一阶逻辑是有谓词的，但一阶逻辑的谓词作用在“项”上。这里我们需要这两个谓词“T”和“$:=$”作用在“句”上而不是“项”上，因此即使从一阶逻辑出发也需另外加进，所以就索性从更简单的命题逻辑出发了。但命题逻辑一般只有命题变元、命题形式等概念，没有命题常元的概念。而对我们来说，特别重要的是建立“句常元”的概念 (文献 [18] 特别说明了“句常元”和克里普克的“有根句”(grounded sentence) 的区别)，并由此派生出“句变元”“意指方程”“句解”等概念。这样就得到一个我们所需要的小型形式系统。它除了说谎者悖论之外，还能澄清像“说真话者”和鲁伯 (Löb) 悖论这样的问题 [18]。

注 3.8 “意指方程”以一种自然的“同态”的方式对应于布尔方程 (见文献 [18])。如果一个意指方程有句解，则相应的布尔方程有解。但反之不然。换句话说，检验一个意指方程是否有句解，布尔方法只是一个“粗诊断”。它就像一位只带着一支迟钝的、不到 40℃ 不显示的体温计的医生。如果它说“没病”，不见得真没病。但若它说“有病”，那就不是小病。说谎者悖论推理里出现的矛盾，是严重的布尔逻辑性质的，而不是精微的语义性质的。

说谎者悖论只涉及了无解意指方程。有解意指方程将导致很不相同的讨论内容。这也是为什么此书至今为止没有给出一个有解意指方程的例子。比如按照文献 [18] 的分析，说真话者

(“这个句子为真”) 作为意指方程 $X := XT$ 是否有解，依赖于“意指”的具体含义。在“意指”的某些含义下，这个意指方程有解，而在“意指”的另一些含义下，这个意指方程无解。这些讨论与本书的内容很不相同。

注 3.9　一个值得注意的问题是悖论的推理。按照定义，悖论一是推出矛盾，二是原因不明。因此，介绍一个悖论，首先要把它推出矛盾的推理交代清楚。比如说谎者悖论提出了一句话:“这个句子为假。”它是这样推出矛盾的:

若这个句子为真，则肯定其所述，故这个句子为假，矛盾。反之，若这个句子为假，则否定其所述，故这个句子为真，也矛盾。

本章对说谎者悖论的所有分析都基于这段推理，特别是“则肯定其所述”6 个字，点出了“为真”与“所述”(或“意指”) 的关系，是问题的关键。如果说悖论是一个题目，那么悖论的推理就是题目的实质部分，题目交代清楚了，才有可能解答。

遗憾的是，不少中外文献没有把说谎者悖论的推理交代清楚。不少文献在陈述了“这个句子为假”之后是这样交代其推理的:

若这个句子为真，则这个句子为假。若这个句子为假，则这个句子为真。(If it is true then it is false, and if it is false then it is true。)

严格地讲，这不能算是一个推理。这只相当于说了“这是一个矛盾”。由于悖论本来就是推出矛盾，所以就相当于没有说出什么。需要解释为什么“这个句子为真”可以推出“这个句子为假”。古老的说谎者悖论在最初流传时也许没有解释，但今人既然承认它是悖论，自应解释它何以是悖论，即解释它是怎样推出矛盾 (但原因不明) 的。其实这个解释只有几个字：“则肯定其所述”。但这几个字包含了说谎者悖论的基本原理，缺少了这几个字，题目就没有交代清楚，说谎者悖论就很难解答了。

注 3.10 如所周知，著名的哥德尔不完全性定理的证明受到说谎者悖论的启发。由于本章实际上指出说谎者悖论是有失误的，这会不会引起困惑，需要做一点说明。

实际上，说谎者悖论的失误完全不影响哥德尔不完全性定理。如第 9 小节所述，说谎者悖论之所以成为悖论，就是因为没有区分常元和变元，把方程当成了已经验证的式子。而一阶逻辑的基本观念之一就是常元和变元、闭公式和开公式的严格区分 (本章所说的“方程”，可类比于一阶逻辑的开公式)。说谎者悖论的失误没有也不可能侵蚀到哥德尔不完全性定理。实际上哥德尔不完全性定理证明的关键步骤“自代入”就顺便把开公式变成了闭公式。但正如哥德尔在自己文章的前言里所指出的，自己的证明受到说谎者悖论“自我否定”格式的启发。这是学术史上一个令人赞叹的从前人粗糙的、含有失误的认识中汲取关键灵感的例子。

注 3.11 “句常元”“句变元”“句方程”“句解”等概念揭示了说谎者悖论的本质。但这些概念的命名方式是否最好，作者并没有把握。一律在相应代数名称前加一“句”字，其优点是整齐醒目，缺点是“代数气”较重，也许会使人有某种距离感。另一种方案是把“句常元”改称为“具体句”，把“句变元”改称为“句代词”，把“句方程”改称为“句关系式”，但最后一个仍然要取一个名字，比如仍叫作“句解”，因为称作“满足句关系式的具体句”10 个字太冗长了 (把“无句解”说成“无满足句关系式的具体句”不可行)。这个方案的优点是比较直白易懂，缺点是不够整齐精炼，也仍然没有完全摆脱“代数气”。权衡再三，作者最终选择了第一种方案。

第4章 危险的“当然权力”

第 1 章谈到，有一些悖论，其假设是公开的，但因“当然成立”而不算假设。于是，有假设成了无假设，也就“看不出有什么特别的假设”。这方面最典型的是罗素悖论和格雷林悖论。先来看一下早已解决了的罗素悖论。

4.1 罗素悖论：构成集的“当然权力”

罗素悖论是英国哲学家、逻辑学家罗素 1902 年发现的，是关于集合论的。如果 a 是集 A 的元素，我们将称 a 属于 A，或 A **辖有** a。我们知道，很多集不以自己为元素，或者说，不辖有自己。比如，自然数的集不是一个自然数，人的集不是一个人。至于是否存在一个集辖有自己，与我们这里的讨论无关，我们可以不必管。

罗素悖论 考虑所有不辖有自己的集所成的集。若它辖有自己，则它是一个辖有自己的集。但按照它的定义，它应该不辖有自己。矛盾。若它不辖有自己，则它是一个不辖有自己的集。

伯特兰・罗素 (Bertrand Russell, 1872~1970)

但按照它的定义，它应该辖有自己。也矛盾。

注 4.1 也许读者会问，不是刚刚说“是否存在一个集辖有自己，与我们这里的讨论无关”吗，怎么在罗素悖论的推理里马上就出现了“若它辖有自己”呢？其实，这里罗素是在“若”的意义下谈“辖有自己”，这与在“存在”的意义下谈“辖有自己”是完全不同的。在“若”的意义下谈“辖有自己”，不涉及“是否存在一个集辖有自己”。罗素悖论的第一句话确实是在“存在”的意义下谈了什么，但所谈的恰好是“所有不辖有自己的集”。注 4.1 结束.

这就是著名的罗素悖论。它推出了矛盾但看不出做了什么假设。由于这个悖论出现在公认最严密的学科 —— 数学里，出现在数学最基础的分支 —— 集合论里，而且推出矛盾的过程只有寥寥几句话，只涉及集合论两个最基本的概念“集”和“属于”(“辖有”)，因而极大地震动了数学界。当年逻辑学家弗雷格的《算术基本规律》第二卷马上就要出版，他赶紧加写了一个跋语，报告了这个悖论。弗雷格写到:“在工作结束之后，却发现自己建造的大厦的基础动摇了。对于一个科学家来说，没有什么比这更不幸的了。”

读者可能发现了，罗素悖论的推理和理发师悖论完全相同，只是把及物动词“给 …… 理发”换成了及物动词“辖有”。其实，这里应该倒过来，说成理发师悖论的推理和罗素悖论相同。因为罗素悖论在先 (1902)，理发师悖论在后 (1918)，理发师悖论是罗素为自己的悖论提出的通俗版。我们来对照一下：

若它辖有自己 (若他给自己理发)，则它是一个辖有自己的集 (则他是一个给自己理发的人)。但按照它的定义 (但按照他的原则)，它应该不辖有自己 (他应该不给自己理发)。矛盾。若它不辖有自己 (若他不给自己理发)，则它是一个不辖有自己的集 (则他是一个不给自己理发的人)。但按照它的定义 (但按照他的原则)，它应该辖有自己 (他应该给自己理发)。也矛盾。

显然，罗素悖论和理发师悖论的推理完全相同。

那么为什么只是罗素悖论引起那么大的震动呢？

这是因为一种“当然存在性”。让我们解释一下。我们从 2.2 节已经知道，理发师悖论推出矛盾，是因为它的第一句话“某村有一个理发师……”假设了这样一个理发师的存在。所得矛盾说明，这样一个理发师不存在。

但罗素悖论不同。它推出矛盾似乎没有假设什么。它的第一句话是“考虑所有不辖有自己的集所成的集。”如果说它假设了什么，那就是假设了“所有不辖有自己的集所成的集”的存在，或者说假设了所有不辖有自己的集放在一起构成一个集。但这又有什么不对呢？难道不是任意一些东西放在一起都当然地构成一个集吗？

的确，在罗素发现其悖论的 1902 年，集合论还处于初级的阶段，即今天称为“朴素集合论”的阶段。集被含糊地定义为具有某种性质的个体所组成的群体。你说具有某某性质的理发师不存在可以被接受 (理发师悖论也就解决了)，但你说具有某某性质的集不存在就不能被接受，因为任意一些东西放在一起都被认为当然地构成一个集，没有什么“不存在”的问题——总是存在的。这就是为什么罗素悖论的矛盾当时无法理解，引起极大震动的原因。把理发师悖论当作罗素悖论的通俗版在一个关键点上不准确：该理发师作为一个人不具有集所具有的“当然存在性”，因而理发师悖论远不够罗素悖论的分量。

当然，今天我们知道，**集所具有的这种“当然存在性”恰恰是必须破除的**。后来策梅洛等建立的公理集合论严格地定义了什么是“集”。按照公理集合论，罗素悖论的“所有不辖有自己的集”，放在一起，确实不被认为是一个集！

什么是“集”，很像几何学里什么是点的问题。我们知道，远在2000多年前欧几里得就列出了几何学的几条公理，由此推导出几何学的其他定理。但什么是“点”，什么是“直线”，什么是“平面”，这三个最基本的概念在欧几里得那里就没有定义。说“点是没有部分的东西”不是定义，因为“部分”的含义并不比“点”清楚。

希尔伯特在《几何基础》(1899)里为几何学提出了五组共二十条公理，其中包括欧几里得原来的公理。按照希尔伯特的定义，所谓点、直线、平面就是满足这二十条公理的东西。希尔伯特没有硬从文字上去定义什么是点、直线、平面，而是提出了二十条公理来约束它们的性质和它们之间的关系。只要满足这二十条公理，就分别被称作点、直线和平面。希尔伯特认为叫什么名称无所谓。只要满足这二十条公理，你愿意的话把它们分别叫作“第一类东西”“第二类东西”“第三类东西”也可以。

大卫・希尔伯特 (David Hilbert，1862~1943)

希尔伯特成功地建立了公理几何学。而早先的欧几里得的几何学就是“朴素几何学”。

20 世纪初，集合论就面临着类似的局面。德国数学家策梅洛意识到，说“集是具有某种性质的个体所组成的群体”就像说“点是没有部分的东西”一样，不是严格的数学定义。策梅洛彻底审视了朴素集合论的基础，提出了七条公理，建立了公理集合论。按照公理集合论，满足策梅洛七条公理的东西才叫“集”。而罗素悖论的“所有不辖有自己的集”放在一起所成的群体，不满足这些公理，因此不被认为是一个“集”。这就破除了“集”的“当然存在性”，给出了

罗素悖论的解答 罗素悖论不合理地假设了所有不辖有自己的集放在一起构成一个集。按照公理集合论，不存在一个集恰辖有所有不辖有自己的集。

罗素悖论就这样被消解了。但罗素悖论深深地刺痛了当时的集合论，对集合论的公理化起了重要的推动作用。

注 4.2 比罗素早几年，布拉里–福蒂 (1897) 就发现和发表，“所有序数所成的集”会推出矛盾，被称为布拉里–福蒂悖论。更早一些，康托本人 (1895) 就发现，“所有基数所成集之基数”会推出矛盾，被称为康托悖论。康托悖论、布拉里–福蒂悖论、罗素悖论这三个在 19 世纪末 20 世纪初出现的悖论被统称为集合论悖论。罗素悖论引起的震动最大是因为它的表述最简单、最直接。

恩斯特・策梅洛 (Ernst Zermelo, 1871～1953)

4.2 格雷林悖论：命名的“当然权力”

一般把悖论分为两类：逻辑悖论和语义悖论。罗素悖论等几个集合论悖论被划为逻辑悖论，而说谎者悖论等被划为语义悖论。我们在前面看到，说谎者悖论主要是逻辑悖论。语义悖论的典型例子是这一节要讨论的格雷林悖论。它之所以是语义悖论，除了逻辑的原因还有特别的语言上的原因。

格雷林悖论是德国人格雷林 (K. Grelling) 于 1908 年发现的，讨论一个形容词是否描写自己。比如形容词“中文的”确实是中文的，所以它描写自己。而形容词“英文的”不是英文的 (是中文的)，所以它不描写自己。格雷林称描写自己的形容词为“自谓的”，而称不描写自己的形容词为“他谓的”。

格雷林悖论 形容词“他谓的”恰描写所有不描写自己的形容词。因此，若它描写自己，则它是一个描写自己的形容词。但按照它的定义，它应该不描写自己。矛盾。若它不描写自己，则它是一个不描写自己的形容词。但按照它的定义，它应该描写自己。也矛盾。

读者大概有个感觉，格雷林悖论里的关键词“描写”，含义不太清楚。格雷林悖论只是举了两个特殊的形容词“中文的”和“英文的”作为例子，而对任意一个形容词，比如“好的”“坏的”“热的”“冷的”…… 是“描写”自己还是不“描写”自己，并没有给出清晰的判断标准。不过让我们姑且假定格雷林悖论把“描写”这个概念定义清楚了，即姑且假定，对任意两个形容词 A 和 B, 都可以判断 A 描写 B 还是 A 不描写 B(用数学语言表述，也即姑且假定“描写”是形容词群体上的一个“二元关系”)，从而保证格雷林悖论推出矛盾。让我们往下看，推出矛盾的原因是什么。

读者一定发现了，格雷林悖论和理发师悖论的推理格式完全相同，只不过把及物动词“给 …… 理发”换成了及物动词“描写”。我们来对照一下：

若它描写自己 (若他给自己理发)，则它是一个描写自己的形容词 (则他是一个给自己理发的人)。但按照它的定义 (但按照他的原则)，它应该不描写自己 (他应该不给自己理发)。矛盾。若它不描写自己 (若他不给自己理发)，则它是一个不描写自己的形容词 (则他是一个不给自己理发的人)。但按照它的定义 (但按照他的原则)，它应该描写自己 (他应该给自己理发)。也矛盾。

显然，格雷林悖论和理发师悖论的推理格式完全相同，因此会想到应用 2.2 节康托对角线原理得出结论：不存在一个形容词，恰描写所有不描写自己的形容词。

但是，且慢！这一次，“他谓的”不就是一个形容词，恰描写所有不描写自己的形容词吗？这个形容词是格雷林创造的，明明白白摆在那里，怎么能说它不存在呢？

让我们回顾一下康托对角线原理的各种应用，“该村不存在一个理发师，恰给本村那些不给自己理发的人理发”；“该厂不存在一个机器人，恰修理本厂那些不修理自己的机器人”；“该馆不存在一本书，恰收录本馆那些不收录自己的书”；如此等等，都没有问题，怎么到了格雷林这里，康托对角线原理就不对了呢？就眼睁睁存在一个形容词（“他谓的”），恰描写那些不描写自己的形容词了呢？

问题出在语言有一种发明形容词的“当然权力”。你说某村不存在某个理发师，某厂不存在某个机器人，某馆不存在某本书，都可以接受，但你说不存在某个形容词就被认为不可以接受了，因为形容词被认为可以随意发明、制造出来，没有什么“不存在”的问题——总是存在的。这当然蕴含着与康托对角线原理冲突的危险。在理发师悖论那里，我们搬出康托对角线原理，宣布“不存在一个理发师恰给本村所有不给自己理发的人理发”，就降住了理发师悖论——它造不出这样一个理发师来。但在格雷林悖论这里，即使我们搬出康托对角线原理，宣布“不存在一个形容词恰描写所有不描写自己的形容词”，也降不住语言，因为它可以随意制造形容词。格雷林就很容易地后发制人制造了形容词“他谓的”，与康托对抗！

康托对角线原理对格雷林悖论不适用，说明形容词的全体不构成一个集。我们知道，康托对角线原理对任意集上的任意二元关系都适用。格雷林悖论讨论的是形容词这个群体上的二元关系“描写”。既然格雷林悖论不适用于康托对角线原理，就说明形容词这个群体不构成一个集。实际上，数学里的“集”是一个确定的对象。一个集辖有哪些元素，是一劳永逸地确定的。比如上面的几个例子，该村有哪些村民，该厂有哪些机器人，该馆有哪些图书，都是确定的。但形容词这个群体拥有哪些成员，却不是确定的，是随时可能增加的。比如形容词里原来并没有“他谓的”这个词，但格雷林却轻易制造了这个词。

我们知道，集的全体也不构成一个集，这与形容词的全体不构成一个集是类似的。但形容词的全体不构成一个集的原因似乎更加直白：如上一段所述，“任意发明形容词”的权力直接违背了集的确定性。可以说，悖论问题在语言学中的表现，比在数学中更为尖锐、任性。

格雷林悖论指出了一个严重的问题：我们的语言竟然有一种危险的能力，能够轻易后发制人，直接与数学和逻辑学相对抗。格雷林悖论是仅有的这种例子吗？有没有其他的例子呢？语言学比数学和逻辑学更基本、更原始、更缺少公理的约束，因而出现矛盾的机会应该更多。需要对语言里出现的所有的悖论和我们语言的基础做一番彻底的检查，需要明确限制语言的这种危险的能力。这可能意味着对语言学做某种程度的公理集合论式的研究。

具体到格雷林悖论，就事论事而言，应该说公理集合论已经给出了它的解答。我们来解释一下。

如蒯因 [11] 所指出的，对格雷林悖论来说，不一定非要发明一个新的形容词“他谓的”。也可直接用它的含义，即 (短语) 形容词“不描写自己的”来代替。这同样会产生格雷林悖论：

格雷林悖论另述　形容词“不描写自己的”恰描写所有不描写自己的形容词。因此，若它描写自己，则它是一个描写自己的形容词。但按照它的定义，它应该不描写自己。矛盾。若它不描写自己，则它是一个不描写自己的形容词。但按照它的定义，它应该描写自己。也矛盾。

可见，格雷林悖论的问题主要不在于是否发明了一个新的形容词“他谓的”，而在于把“所有不描写自己的形容词”当成了一个“集”。(从另一面说，愿意的话，罗素悖论也可以为自己的“集”发明一个名字。) 格雷林悖论的语言学现象的背后是集合论的原理。罗素悖论导致矛盾的原因是考虑了“所有不辖有自己的集”所成的“集”；格雷林悖论导致矛盾的原因是考虑了“所有不描写自己的形容词”所成的“集”。罗素悖论考虑“所有不辖有自己的集”所成的“集”被认为是一种“当然的权力”；格雷林悖论考虑“所有不描写自己的形容词”所成的“集”，或者索性为它发明一个形容词“他谓的”，也被认为是一种“当然的权力”。格雷林悖论的自然语言式的推理就是罗素的集合论推理；格雷林悖论就是披着自然语言外表的罗素悖论。

20 世纪初，集中非凡的智慧，数学家建立了公理集合论，限制了构成“集”的“当然权力”，将“朴素集合论”里的罗素悖论的“集”排除在外。据此类比，我们现在是不是也需要建立某种“公理语言学”，来限制任意命名的“当然权力”，将“朴素语言学”里的格雷林悖论的形容词“他谓的”排除在外呢？我们的语言不像集合论，不是一个纯演绎的学科，不知道能不能像集合论那样全面地公理化。但我们至少应该就事论事解决像格雷林悖论这样的已经发现的问题。语言学是集合论的基础，在某种意义上包含了集合论。语言学落在集合论中的这一部分，当然要遵从公理集合论的法则。格雷林悖论就出在这一部分。因此，不需要语言学的全面公理化我们就可以确定，格雷林悖论的解答就是罗素悖论的解答：

格雷林悖论的解答 格雷林悖论不合理地发明了形容词“他谓的”。按照公理集合论的法则，不存在一个形容词恰描写所有不描写自己的形容词。

诱发语义悖论的并非只有形容词，名词也行。我们可以仿效格雷林悖论制造出下面的悖论，比如叫它“名词悖论”。我们知道名词“中文”确是用中文表达的，所以它符合自己。名词“英文”不是用英文表达的 (是用中文表达的)，所以它不符合自己。称符合自己的名词为“自符词”，而称不符合自己的名词为“他符词”。

“名词悖论” 名词“他符词”恰符合所有不符合自己的名词。因此，若它符合自己，则它是一个符合自己的名词。但按照它的定义，它应该不符合自己。矛盾。若它不符合自己，则它是一个不符合自己的名词。但按照它的定义，它应该符合自己。也矛盾。

这个悖论和格雷林悖论的格式完全相同，只是把“形容词”换成了“名词”。因此，“名词悖论”的解答是：

“名词悖论”的解答 名词悖论不合理地制造了名词“他符词”。按照公理集合论的法则，不存在一个名词恰符合所有不符合自己的名词。

格雷林悖论和“名词悖论”都具有康托推理的格式。我们已经 4 次看到这一推理格式了，分别是康托定理 (1895)、罗素悖论 (1902)、格雷林悖论 (1908)、理发师悖论 (1918) (派生的如机器人悖论、书目悖论、“名词悖论”等不算)。康托定理是深刻的数学定理，是反证法。罗素悖论是由康托定理触发的奇思妙想，借助“集”的“当然存在性”造成悖论，震动数学界。理发师悖论是其通俗版。但因该理发师不具“当然存在性”，理发师悖论远较易于消解。格雷林悖论则是语言学里的罗素悖论。

注 4.3 罗素悖论与说谎者悖论大概是历史上讨论得最多的两个悖论，二者有明显的区别。比如说谎者悖论不涉及逻辑量词“所有”(即“$\forall$”)，而罗素悖论的基本点则是“所有”，比如“所有不辖有自己的集”。又如说谎者悖论的基本点是“意指”所产生的“方程”关系，并由此与大量无解布尔方程组对应。罗素悖论则没有这样的对应。但二者展示的矛盾都是纯逻辑的。

格雷林悖论则不同。它导致矛盾的主要原因在于语言的一种特性，在于语言特有的一种与数学和逻辑学直接对抗的危险的能力。这指出了我们的语言的一个严重问题，可能需要专门的研究。本书只就事论事借助公理集合论给出了格雷林悖论的解答。

第5章 含糊的“可定义”

20 世纪初罗素悖论 (1902) 出现后，接连出现了几个著名的悖论。除了第 4 章讨论的格雷林悖论 (1908)，还有理查德悖论 (1905) 和贝里悖论 (1906)。它们的原理与我们前面讨论的几个悖论都不相同。这一章我们给出这两个悖论的解答。

5.1 贝里悖论

我们先来看贝里悖论，它是英国人贝里 (G. Berry) 于 1906 年发现的。

贝里悖论 短语“用少于二十个字不可定义的最小的自然数”定义了一个自然数。但只用了 18 个字。矛盾。

这个悖论直截了当，它的关键词是“定义”，这和格雷林悖论的“描写”一样，特别体现“语言的本性”。不过它形成悖论的机理不同，它的推理有比较简单的漏洞。我们来分析一下。

贝里悖论用文字定义自然数。让我们约定，这里所说的“字”是指现有的中文字 (不再增加新字，比如不再增加自然数的文字名)。

陈述贝里悖论至少需要 3 个基本假设：

(1) 每个自然数都可用有限个字定义；

(2) 用少于二十个字不可定义的自然数的集是存在的；

(3) 用少于二十个字不可定义的自然数的集非空。

关于第一个假设，贝里悖论没有具体说明怎样算用有限个字定义自然数，怎样不算用有限个字定义自然数。不过用有限个字定义自然数似乎也说得过去，毕竟我们的数学教科书只包含有限个字。比如 1 可以定义为“自乘不改变其值的非零自然数，记为一”；2 可以定义为“一加一”；3 可以定义为“一加一加一”；等等。一个自然数的文字定义方式可以不止一种，比如 1 还可以定义为“最小的非零自然数”。总之，让我们姑且承认这第一个假设。

关于第二个假设，也姑且承认每个自然数是否可用少于二十个字定义是可以明确判定的，即姑且承认“用少于二十个字不可定义的自然数”的集是存在的。把这个集记为 B。这样，每个自然数是否属于 B，在推理开始之前就确定了。我们可以想象这相当于给每个自然数贴了标签“可”或“不可”。贴着标签“可”的就可以用少于二十个字定义，就不属于 B。贴着标签“不可”的就不可以用少于二十个字定义，就属于 B。

承认了前两个假设，第三个假设就是正确的。因为少于二十个字的短语只有有限个，每个至多定义一个自然数 (否则不叫“定义”)，故用少于二十个字可以定义的自然数只有有限个。故

B 非空，因而确有最小者，比如记为 m。

下面我们来分析贝里悖论的推理。这个推理只有一句话：短语“用少于二十个字不可定义的最小的自然数”定义了一个自然数。这句话里面出现了两个“定义”。引号内一个，引号外一个。准确地说，引号内是“不可定义”，引号外是“可定义”。

我们说，这两个“可定义”含义不同。为示区别，以下把引号外的“定义”用黑体表示。引号内的“不可定义”，含义是标签为“不可”。引号外的“**可定义**”，含义是 m 是所有“不可”者里最小的，因而可以唯一确定。须知 m 身上明明贴着“不可”的标签。只因它是其中最小的，可确定，就认为它“**可定义**”！可见“**可定义**”只是“可确定”，而非“可定义”。这就给出了

贝里悖论的解答　贝里悖论推出矛盾是因为混淆了两个含义不同的“可定义”，引号外的那一个只是“可确定”的意思。

这个解答很明快，但贝里悖论可能会说：你的回答抓住了“定义”和“确定”的区别，但如果我改变陈述，把“定义”统一替换成“确定”，你还能这样解答吗？

那好，让我们把贝里悖论重述一遍，把“定义”统一替换成“确定”。

贝里悖论 (强化版)　短语“用少于二十个字不可确定的最小的自然数”确定了一个自然数，但只用了 18 个字。矛盾。

和原版一样，陈述这个强化版也至少需要 3 个基本假设：

(1) 每个自然数都可用有限个字确定；

(2) 用少于二十个字不可确定的自然数的集是存在的；

(3) 用少于二十个字不可确定的自然数的集非空。

第一个假设，我们仍然姑且承认它。

第二个假设，也仍然姑且承认“用少于二十个字不可确定的自然数”的集是存在的。把这个集记为 B。这样，每个自然数是否属于 B，在推理开始之前就确定了。我们仍然想象给每个自然数贴了标签“可”或“不可”。贴着标签“可”的就可以用少于二十个字确定，就不属于 B。贴着标签“不可”的就不可以用少于二十个字确定，就属于 B。

承认了前两个假设，第三个假设就是正确的。B 确实非空，因而确有最小者，比如记为 m。

下面我们来分析贝里悖论 (强化版) 的推理。这个推理只有一句话：短语“用少于二十个字不可确定的最小的自然数”**确定**了一个自然数。这句话里面出现了两个“确定”。引号内一个，引号外一个。准确地说，引号内是“不可确定”，引号外是“可**确定**”。为示区别，以下把引号外的“确定”用黑体表示。

让我们重复上面对原版的解答，看有什么问题：

引号内的“不可确定”，含义是标签为“不可”。引号外的“**可确定**”，含义是 m 是所有“不可”者里最小的，因而可以唯一确定。须知 m 身上明明贴着“不可”的标签。只因它是其中最小的，可确定，就认为它“**可确定**”！可见“**可确定**”只是“可确定”，而非“可确定”。

但这最后一句完全不通。由于把“定义”替换成“确定”，贝里悖论确实强化了。我们原来的解答抓住了“定义”和“确定”

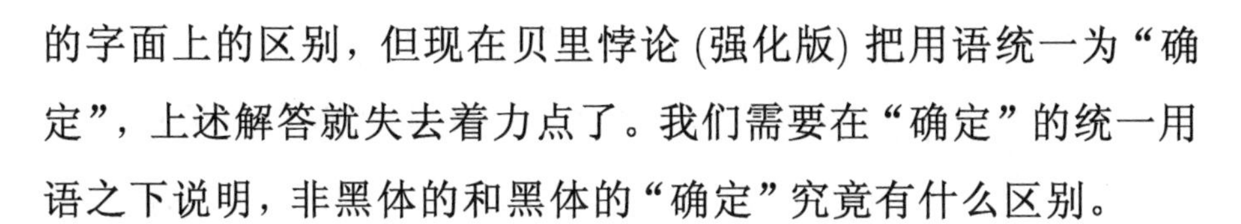

的字面上的区别，但现在贝里悖论 (强化版) 把用语统一为“确定”，上述解答就失去着力点了。我们需要在“确定”的统一用语之下说明，非黑体的和黑体的“确定”究竟有什么区别。

我们说，仍然是有区别的。一个自然数是否在引号内的意义下“可确定”(非黑体)，用它自己的标签就可以决定，与其他自然数无关。但引号外的“**可确定**”，意思是 m 是集 B 的最小者，这需要与集 B 的其他自然数比较，因而与其他自然数有关。因此这是两个不同的概念。非黑体的“确定”每次只使用一个自然数的标签信息，而黑体的“确定”却使用集 B，也就是同时使用全体自然数的标签的信息。因此，用少于二十个字不可确定的最小的自然数用少于二十个字却可**确定**，这并不矛盾。

当然，一个只依赖于单独个体的定义与一个同时依赖于其他个体的定义可以实际上相同。比如自然数 1 可以定义为“自乘保持值不变的非零自然数”，也可定义为“非零自然数的最小者”。前者只依赖于 1 这个个体，后者依赖于 1 与所有自然数的比较。但二者定义的是同一个数。这说明，表面上很不相同的两个定义，实际上可能定义同一个对象。

但若是一个推理推出了矛盾，遍寻原因不着，这时哪怕是两个差别很小的定义的混同，也是大可怀疑的原因。如果对二者加以区别 (比如上面对贝里悖论 (强化版) 的两个“可确定”加以黑体与非黑体之分) 之后就可以消除矛盾，就证明二者的混淆确实是导致推理出现矛盾的原因。这就给出了

贝里悖论 (强化版) 的解答 贝里悖论 (强化版) 推出矛盾

是因为混淆了两个含义不同的“可确定”。引号内的那一个只依赖于单个自然数的信息，引号外的那一个则依赖于全体自然数的信息。对二者加以区别就可以消除矛盾，证明二者的混淆确实是导致矛盾的原因。

本节最后解释一个问题。我们一直在说悖论是反证法的掐头去尾，至今为止我们分析的所有悖论也都和某个反证法相对应，但为什么贝里悖论好像没有和哪个反证法相对应呢？

实际上贝里悖论也有。前面第 3 章第 4 小节说过，为把一个悖论写成反证法，需要找出该悖论推理里的隐蔽的假设。现在贝里悖论的解答已经有了，只需把它写成“假设”的形式：

贝里悖论的解答再述 贝里悖论推出矛盾是因为混淆了两个含义不同的“可定义”，或者说是因为隐蔽地假设了引号内外的两个“可定义”含义相同。

既然写成了假设的形式，就可以立即写出贝里悖论所对应的定理和反证法：

定理 在贝里悖论的陈述里，引号内外的两个“可定义”含义不同。

证明 用反证法。假设该引号内外的两个“可定义”含义相同。则短语“用少于二十个字不可定义的最小的自然数”定义了一个自然数。但只用了 18 个字。矛盾。这一矛盾证明，引号内外的两个“可定义”含义不同。证毕。

楷体字部分就是贝里悖论。它在逻辑结构上是一个反证法的掐头去尾。这是不会有例外的。

注 5.1 我们知道，一个数学的反证法，对或不对，数学家总有一致的看法，很少有争论。但一个悖论，人们常常有许多不同的见解，众说纷纭，百家争鸣。这是什么原因呢？

这个问题一般地回答可能要涉及很多方面。让我们把问题简化一下。比如一段推理导致了矛盾，其中用到了 10 个互相独立的假设。那么至少有一个假设必须否定。从逻辑上讲，否定这 10 个假设中的任何一个，都可以产生一个结论。

但对反证法来说，这 10 个假设中有一个具有特殊的地位，这就是反证法明确宣示的例行的“头”。它的陈述是：假设所要证明的定理不成立。因此它就是这 10 个假设中需要否定的那一个。这一点十分清楚，不会有争论。

但对悖论，这 10 个假设中应该否定哪一个，并没有约定和共识。而且，常常还有某个关键的假设是隐蔽的 (数学证明则不允许有隐蔽的假设，使用隐蔽的假设是数学证明的大忌)，于是更加扑朔迷离。在这种情况下，这个悖论该怎样解答，众说纷纭就几乎是必然的了。

让我们以贝里悖论为例，它的推理最短，便于引述，贝里悖论推理开始前有三个假设，否定其中任何一个都可以给出贝里悖论的一个解答 (只是从逻辑结构上讲，不管是否令人信服)：

解答 1 贝里悖论的矛盾说明，至少有一个自然数不可用有限个字定义。

证明 假设每个自然数都可用有限个字定义。考虑用少于二十个字不能定义的自然数的集。不难证明这个集非空，从而有最小者。这样，短语“用少于二十个字不可定义的最小的自然数”就定义了一个自然数，但只用了 18 个字。矛盾。这证明至少有一个自然数不可用有限个字定义。证毕。

解答 2 贝里悖论的矛盾说明，用少于二十个字不可定义的自然数的集是不存在的。

证明 假设用少于二十个字不可定义的自然数的集是存在的。不难证明这个集非空，从而有最小者。这样，短语“用少于二十个字不可定义的最小的自然数”就定义了一个自然数，但只用了 18 个字。矛盾。这证明用少于二十个字不可定义的自然数的集是不存在的。证毕。

解答 3 贝里悖论的矛盾说明，用少于二十个字不可定义的自然数的集是空集。

证明 假设用少于二十个字不可定义的自然数的集非空，从而有最小者。这样，短语“用少于二十个字不可定义的最小的自然数”就定义了这个自然数，但只用了 18 个字。矛盾。这证明用少于二十个字不可定义的自然数是空集。证毕。

这三个解答互不相同，但逻辑上都是贝里悖论的解答 (而且证明的主体都是贝里悖论的推理)。当然还有更多的解答。比如我们对贝里悖论的解答就承认了这三个假设，而抓住了引号内外的两个不同含义的“可定义”的混淆。这相当于否定了这两个“可定义”含义相同的假设，相当于“解答 4”。因此，一般说来，一个悖论有许多可能的解答，而人们需要在其中选择最有说服力的一个。注 5.1 结束。

5.2　理查德悖论

理查德悖论是法国人理查德 (J. Richard) 于 1905 年发现的。

理查德悖论　所有可用有限个字定义的十进小数可排列成一个数表：

$$a_1 = 0.a_{11}a_{12}a_{13}\cdots,$$

$$a_2 = 0.a_{21}a_{22}a_{23}\cdots,$$

$$\vdots$$

$$a_n = 0.a_{n1}a_{n2}a_{n3}\cdots,$$

$$\vdots$$

根据这个数表，容易构造一个不在表中的数 b。比如可以这样构造：沿着数表的对角线从左上往右下依次看去，若 a_{11} 是 1 则规定 b_1 是 2，若 a_{11} 不是 1 则规定 b_1 是 1。同样，若 a_{22} 是 1 则规定 b_2 是 2，若 a_{22} 不是 1 则规定 b_2 是 1。依次类推。这样就确定了一个数

$$b = 0.b_1b_2b_3\cdots.$$

这个数 b 与表里第一个数 a_1 的第 1 位不同，与第 2 个数 a_2 的第 2 位不同，与第 3 个数 a_3 的第 3 位不同 ……。因此它与表里的每一个数都不同。换句话说，b 在表外。由于这个表是由所有可用有限个字定义的十进小数组成，因此 b 在表外就意味着 b

不能用有限个字来定义。但描述 b 被确定的过程只用了有限个字，故 b 能够用有限个字来定义。矛盾。

这就是理查德悖论。这个悖论的叙述比较长，但含有和贝里悖论的推理同样的漏洞。理查德悖论用有限个字定义十进小数，但它没有说明怎样算用有限个字定义十进小数，怎样不算用有限个字定义十进小数。这比贝里悖论用有限个字定义自然数更受质疑。的确，理查德悖论的含糊之处不止一个。放过这一个，仍然不能避免那一个。我们将放过其他的，只抓住在随后的推理中出现的两个不同的“可定义”的混淆。

理查德悖论的陈述一开始就说“所有可用有限个字定义的十进小数可排列成一个数表”。这意味着所有可用有限个字定义的十进小数所成的集，是确定了的。让我们把这个集记为 R。每个十进小数是否属于 R，在推理开始之前就确定了。我们可以想像给全体十进小数贴了标签“可”或“不可”。贴着标签“可”的就属于 R，贴着标签“不可”的就不属于 R。理查德悖论在推理开始之前就把所有贴着标签“可”的十进小数排列成了一个数表。

我们来仔细检查理查德悖论的推理。推理里“可定义”一词出现了 4 次。为看清这 4 次出现，我们把理查德悖论的推理重述一遍，第 1，2，3 次出现时用括弧注明“非黑体”，第 4 次用黑体。为避免打乱正文，重述用楷体：

所有可用有限个字定义(非黑体)的十进小数可排列成一个数表：

$$
\begin{aligned}
a_1 &= 0.a_{11}a_{12}a_{13}\cdots,\\
a_2 &= 0.a_{21}a_{22}a_{23}\cdots,\\
&\vdots\\
a_n &= 0.a_{n1}a_{n2}a_{n3}\cdots,\\
&\vdots
\end{aligned}
$$

根据这个数表，容易构造一个不在表中的数 b。比如可以这样构造：沿着数表的对角线从左上往右下依次看去，若 a_{11} 是 1 则规定 b_1 是 2，若 a_{11} 不是 1 则规定 b_1 是 1。同样，若 a_{22} 是 1 则规定 b_2 是 2，若 a_{22} 不是 1 则规定 b_2 是 1。依次类推。这样就确定了一个数

$$b = 0.b_1b_2b_3\cdots.$$

这个数 b 与表里第一个数 a_1 的第 1 位不同，与第 2 个数 a_2 的第 2 位不同，与第 3 个数 a_3 的第 3 位不同……。因此它与表里的每一个数都不同。换句话说，b 在表外。由于这个表是由所有可用有限个字定义 (非黑体) 的十进小数组成，因此 b 在表外就意味着 b 不能用有限个字来定义 (非黑体)。但描述 b 被确定的过程只用了有限个字，故 b 能够用有限个字来**定义**。矛盾。

我们说，这两个“定义”，黑体和非黑体，含义不一致。第 1，2，3 个“可定义” (非黑体) 或“不可定义” (非黑体)，意思是标签为“可”或“不可”。而第 4 个，“b 可**定义**”，意思是 b 可以被一个用有限个字描述的过程确定下来。一个十进小数是否在非黑体的意义下“可定义”，是凭它自己的标签就可以决定的，与其他十进小数无关。而说 b **“可定义”** 却要和表里的十进小数

逐一比较，因而与其他十进小数有关。因此这是两个不同的概念。b 不可定义 (非黑体) 却**可定义**，这并不矛盾。这就给出了

理查德悖论的解答　理查德悖论推出矛盾是因为混淆了两个含义不同的“可定义”。一个只依赖于单个十进小数的信息，另一个则依赖于全体十进小数的信息。对二者加以区别就可以消除矛盾，证明二者的混淆确实是导致矛盾的原因。

我们来把贝里悖论和理查德悖论做一个简单的小结。它们都是先有一个“可定义”元素的集，然后在外面，也即“不可定义”的元素里确定一个元素。这个被确定了的元素明明贴着“不可”的标签，但因被“确定”了，就不知不觉被认为“**可定义**”了。所以问题归结为，到底什么是“可定义”。贝里悖论和理查德悖论的出现都是因为“可定义”的概念事先没有明确地定义，所以不知不觉地出现了混淆。

数学里有大量“可微”“可积”“可约”“可测”之类具体的概念，其定义都很明确，没有造成过悖论。数理逻辑里的“可证”，是个一般的、高度概括的概念，定义也很明确，也没有造成过悖论。与它们相比，贝里悖论和理查德悖论所讨论的“可定义”，处理得十分草率，实际上没有明确的定义，所以导致了悖论。实际上，“可定义”是个一般的、高度概括的概念，在数理逻辑里有严格的定义，是数理逻辑的一个具有基本重要性的概念。

注 5.2　理查德悖论由一个十进小数的表 (也即序列) a_1，a_2，$\cdots$ 构造表外面的一个十进小数 b 的方法，就是康托的 (可

数形式的) 对角线法。理查德悖论可能会使人联想到康托的对角线原理。但康托的对角线法的力量在于，这一方法对**任一**十进小数序列 a_1，a_2，$\cdots$ 都适用。康托的对角线法所证明的是**任一**十进小数序列 a_1，a_2，$\cdots$ 外面都存在十进小数。换言之，**任一**十进小数的序列都不可能穷尽所有实数。也就是说，实数不可数。而理查德悖论只是对一个特定的十进小数序列，“所有可用有限个字定义的十进小数所成的序列”，施行对角线法，构造出外面的一个十进小数 b。理查德悖论的原理不同于罗素悖论或格雷林悖论，不是 (借助某种“当然存在性”) 与康托对角线原理冲突而造成悖论。理查德悖论的问题在于没有把“可定义”的概念定义清楚。这也是为什么贝里悖论可以轻易地大大简化理查德悖论。

第6章 悖论的变形与消解

以上我们分析了几个著名的悖论。悖论还有很多，书上和网上很容易查到。其中有许多原理相同，是同一悖论的翻版或变形。比如机器人悖论、书目悖论是理发师悖论的翻版；鳄鱼悖论、堂吉诃德悖论、守桥人悖论、国王和公鸡悖论等 (见文献 [2])，是说谎者悖论的变形和复杂化。

这里解释一下为什么说鳄鱼悖论等是说谎者悖论的变形和复杂化，以鳄鱼悖论为例，这个悖论记载在德・拉尔梯亚斯 (D. Laertius，200~250) 的《名哲言行录》中 (见文献 [2]，[21])，我们简述一下。鳄鱼抢走了母亲手里的孩子，让母亲猜它是否会吃掉孩子，约定母亲猜对了就送还孩子，猜错了就吃掉孩子。聪明的母亲猜，鳄鱼会吃掉孩子。于是推理是：

若她猜对了，则肯定其所猜，即鳄鱼吃掉孩子。但由约定这意味着她猜错了，矛盾。反过来，若她猜错了，则否定其所猜，即鳄鱼送还孩子。但由约定这意味着她猜对了，也矛盾。

这个悖论的关键是母亲猜鳄鱼会吃掉孩子。按照约定，相当于母亲猜“**我会猜错**”。这正是说谎者悖论的格式。实际上，鳄鱼悖论就是把说谎者悖论的“真”“假”替换为“对”“错”，并进一步替换为“送还”和“吃掉”，由此把单个说谎者的故事在情节上复杂化为母亲、孩子、鳄鱼三者的故事。但只要替换回来，鳄鱼悖论的推理就还原为：

若她猜对了，则肯定其所猜，故她猜错了，矛盾。反过来，若她猜错了，则否定其所猜，故她猜对了，也矛盾。

这正是说谎者悖论的推理，这说明鳄鱼悖论是说谎者悖论的变形和复杂化。

鳄鱼悖论使人想起一个古希腊师徒诉讼的故事 (见文献 [2], [21])：一位雄辩家教人诉讼辩论，与徒弟协议先付一半学费，等徒弟出师后打赢第一场官司再付另一半学费。徒弟出师后迟迟不参与任何官司，于是师傅向法庭提出诉讼。师傅的想法是：若法庭判我赢，他就要付我另一半学费。若法庭判我输，按照我们的师徒协议，他也应付我另一半学费，总之我会稳操胜券。不料徒弟在法庭上说出另一番道理：若法庭判我赢，我就不必付另一半学费。若法庭判我输，按照我们的师徒协议，我还不到付另一半学费的时候。二人的结论完全相反。

这个“悖论”的解答比较简单：师傅和徒弟的推理都使用了两个互相矛盾的依据 —— 法庭判决和师徒协议。按照法庭判决，师傅赢官司意味着徒弟付费。按照师徒协议，师傅赢官司意味着徒弟不付费。这两个依据是互相矛盾的。在同一推理中使用两个互相矛盾的依据当然要推出矛盾，是不能允许的。这是一个错误的推理，是一个明显的谬误。

鳄鱼悖论的推理也使用了两个互相矛盾的依据：一个依据是“一句话为真当且仅当其所述被肯定”(即第 3 章注 3.7 的“真与意指关系公理”)，据此若母亲猜对了则意味着“吃掉”。另一个依据是鳄鱼和母亲的协议，据此若母亲猜对了则意味着“送还”。这两个依据是互相矛盾的。

本书第 1 章讨论悖论的定义时约定，悖论的推理应该是符合逻辑规则的，错误的推理不在其列。按照这一约定，师徒诉讼的推理应该不够悖论的“资格”。

那么鳄鱼悖论呢？一方面，它是说谎者悖论的变形和复杂化，按说应该更加费解。但另一方面，它又像师徒诉讼那样使用了两个互相矛盾的依据，属于“低级错误”。那么它究竟算悖论还是算谬误呢？应该说算悖论或算谬误都有道理。

鳄鱼悖论的例子说明，悖论与谬误的界限不是绝对的，二者是相通的，把一个悖论复杂化，可能使它增加了错误，可能在原有的“深刻的错误”(如隐蔽的方程本质和隐蔽的有解假设)之外，又增加了新的“浅显的错误”(如使用了两个互相矛盾的依据)。

什么是“错误的推理”？悖论和反证法是同一个推理，因此每一步都是正确的。但悖论的假设是隐蔽的，或者虽公开但被认为“当然成立”而不算假设，这算不算错误？算不算“错误的推理”？说算或不算都有些道理。

其实只要找出隐蔽的假设就够了，就解答了悖论。不需要问隐蔽的假设算不算“错误的推理”。就好像，只要知道气温是多少度就可以了，不需要问这个温度算不算“冷”。算不算冷与人有关。同一温度对有的人算冷，对有的人不算冷。

因此不必执着于鳄鱼悖论究竟算悖论还是算谬误。一般地讲，甚至不必太执着于悖论的静止的、囊括一切的定义。这也是为什么第 1 章即使约定了推理须符合逻辑规则，我们仍然对悖论提出了一个较为笼统的“进行式”的定义：悖论是推出矛盾但原因不明的推理。“原因不明”就是一个无需精确定义、也无法精确定义的概念。一个推理是不是悖论，与我们对它的认识程度有关，是“与时俱进”的。当我们对它认识不清楚时，它就是一个悖论。当我们对它认识清楚时，它就不再是一个悖论了。

其实在这方面我们已经做过“妥协”了。贝里悖论和理查德悖论的推理有漏洞，严格地讲应该不算悖论，但由于历史的原因我们还是称之为悖论了。

有的悖论的变形比较容易认出。比如“五命题悖论”(见文献 [21])：有 5 个命题 A，B，C，D，E，其中 A，B 是真的，C，D 是假的，而 E 说：“我们 5 个命题中假的比真的多。”

这个悖论是说谎者悖论的变形，因为既然前 4 个里两个真两个假，所以“假的比真的多”就意味着 E 是假的。换句话说，E 说：“E 为假”。这正是说谎者悖论。

我们来把全书做一个小结。

在第 1 章“什么是悖论？”里，我们排除了那种明显错误的推理。比如“阿基里斯追不上乌龟”，混淆了“无穷多段”和“无穷长”两个不同的概念。这样的“悖论”我们可以不去考虑。

这样一来，解答一个悖论就不会很简单了。前面谈到，悖论之所以看不出有什么特别的假设，有两种情形：一是其假设是隐蔽的，二是其假设是公开的但被认为“当然成立”而不算假设，所以也“看不出有什么特别的假设”。本书先后讨论了 6 个例子：理发师悖论、说谎者悖论、罗素悖论、格雷林悖论、贝里悖论、理查德悖论。我们来很快回顾一下是怎样讨论的。

对理发师悖论，我们是搬出康托定理，指出理发师悖论隐蔽地假设了该理发师的存在。

对说谎者悖论，我们是搬出代数学（“常元”“变元”“方程”“解”），指出说谎者悖论是一个方程问题，其推理隐蔽地假设了“方程有解”。

这两个例子属于第一种情形，即其假设是隐蔽的。对于这样的悖论，一旦发现该隐蔽的假设，就消解了这个悖论。

第三个例子罗素悖论不同。它的假设“所有不辖有自己的集放在一起构成一个集”是公开的，但被认为“当然成立”而不算假设。对这种悖论，问题不在于揭示隐蔽的假设，而在于改变该假设“当然成立”的传统观念。双方的牌是摊开的，哪一方更合理，需要做一取舍。策梅洛等数学家建立了公理集合论，得到了数学界较普遍的认可。有了这样的公理集合论，罗素所考虑的集才被认为不合理，并非“当然存在”而是必须排除，罗素悖论才得以消解。

第四个例子格雷林悖论的情形与罗素悖论相同。它发明了一个形容词“他谓的”，恰描写所有不描写自己的形容词，从而与康托对角线原理正面冲突。双方的牌也是摊开的，需要做一取舍。如果没有公理集合论，这个取舍会非常困难，因为发明形容词是人类自有文明以来就具有的“当然权力”。但既然有了公理集合论，语言学落在集合论中的这一部分，就要遵从公理集合论的法则。格雷林悖论就出在这一部分。因此，格雷林悖论的解答就是罗素悖论的解答：“他谓的”是一个不能允许的形容词，必须排除。

最后两个例子，贝里悖论和理查德悖论，推理有漏洞。它们是关于“可定义”的。这两个悖论事先没有把这个概念定义清楚，造成推理中出现的“可定义”前后含义不一致。

这 6 个例子里，罗素悖论指出了朴素集合论的一个带根本性的问题，刺激了公理集合论的产生，促进了学科的进步。理发师悖论是罗素悖论的通俗版，本身并没有独立的意义。贝里悖论和理查德悖论的推理有漏洞，较易解决。说谎者悖论和格雷林悖论则各提出了一个耐人寻味的问题：

• 语言学中可以有本质上是代数学的现象。(见第 3 章第 8 小节末)

• 我们的语言有一种危险的能力，能够“后发制人”，直接与数学和逻辑学相对抗。(见 4.2 节)

这两个问题超出了这两个悖论本身，或许值得进一步研究。

20 世纪初集合论悖论出现时震动了数学界。那汤松著《实变函数论》[12] 在讲到序数理论中出现的布拉里–福蒂悖论时写道

“这件事情引起我们很自然的恐怖”，写出了数学家当时的真实感受。相比之下，许多生活里的、语言里的悖论带有趣味性，谈起来比较轻松。但任何悖论都是对逻辑的伤害，应该予以解答。

这就产生了一个问题：所有的悖论，包括未来的悖论，都是可消解的吗？永远不会有一个“真正的”悖论吗？这相当于问：我们的逻辑推理系统是自洽的、相容的吗？关于相容性 (consistency)，也称一致性、协调性，一个著名的结果是：

哥德尔第二不完全性定理(1931)　一个包含算术系统的、递归的一阶逻辑系统，如果是相容的，那么其相容性不可能在该系统内部证明。

哥德尔这里谈及的一阶逻辑系统是一种形式化了的语言和推理的系统，其中“词”“句”等概念都有严格的定义，推理的规则也有严格的规定。而在我们通常的语言里，这些最基本的东西都没有严格的界定。但哥德尔的定理仍可以给我们一种启示：是否所有悖论都可以消解，这一问题也许是无法用逻辑证明的，也许更像是一个经验问题、信念问题。

集合论创始人康托就具有这种信念。康托发现“所有集所成的集”的概念会推出矛盾，但他不认为这有多么大不了，他在 1899 年给戴德金的两封信里谈到了这个问题。他认为“集”分为两类，有相容的，有不相容的，而“所有集所成的集”就是不相容的。这当然只是一个极为初步的想法，或者说只是一个信念。但后来策梅洛等对集合论的宏伟的公理化工作，从消除悖论的角度来看，就是实现了康托的这个想法和信念。法国当代著名

库尔特·哥德尔 (Kurt Gödel, 1906~1978)

数学家迪厄多内 (J. Dieudonné) 在《纯粹数学的当前趋势》[3] 中写道:“自从策梅洛、弗兰克尔、斯科伦清楚地表述公理集合论以来…… 我不认为有很多数学家认真地相信该公理系统中还有矛盾的危险。”这当然也是一种信念。

与康托的时代相比，今天我们有更多的理由对人类的逻辑系统抱有信念。事实一再证明，悖论所指出的，即使是一个学科带根本性的问题，也绝不是人类逻辑本身的矛盾。本书对几个著名悖论做了解答。作者相信，所有悖论都可以消解。

【思考与研究】

1. 找出那些过于简单、明显错误的推理和“脑筋急转弯”，从悖论中剔除。

2. 找一个具体的悖论，抄写在一张纸上，反复看，仔细分析，找出矛盾的原因。

3. 对说谎者悖论和格雷林悖论提出的两个问题 (见第 6 章) 做进一步的陈述和分析。

参考文献

[1] Barwise J, Etchemendy J. The Liar. Oxford: Oxford University Press, 1987.

[2] 陈波. 悖论研究. 北京: 北京大学出版社, 2014.

[3] 迪厄多内 J. 纯粹数学的当前趋势. 胡作玄译. 数学与文化//邓东皋, 孙小礼, 张祖贵编. 北京: 北京大学出版社, 1990.

[4] Falletta N. The Paradoxicon. New York: John Wiley & Sons, Inc., 1990.

[5] Kahane H, Tidman P. Logic and Philosophy: A Modern Introduction. Belmont: Wadsworth Publishing Company, 1995.

[6] Kirkham R. Theories of Truth. Cambridge: MIT Press, 1995.

[7] Kripke S. Outline of a theory of truth. The Journal of Philosophy, 1975, 72: 690-716.

[8] Martin R. Recent Essays on Truth and the Liar Paradox. Ox-

ford: Oxford University Press, 1984.

[9] Mates B. Skeptical Essays. Chicago: The University of Chicago Press, 1981.

[10] Mendelson E. Introduction to Mathematical Logic. Third Edition. Wadsworth & Brooks/Cole Advanced Books & Software, 1987.

[11] 蒯因 W V. 悖论的方式. 江怡译. 蒯因著作集 (第五卷)//涂纪亮, 陈波主编. 北京: 中国人民大学出版社, 2007.

[12] 那汤松. 实变函数论. 徐瑞云译, 陈建功校. 北京: 高等教育出版社, 1955.

[13] Russell B. Einführung in die Mathematische Philosophie. Hamburg: Felix Meiner Verlag, 2006.

[14] Sainsbury R. Paradoxes. Second Edition. Cambridge: Cambridge University Press, 1995.

[15] Simmons K. Universality and the Liar. Cambridge: Cambridge University Press, 1993.

[16] Tarski A. Logic, Semantics, Metamathematics. Second Edition. Indianapolis: Hackett Publishing Company, 1983.

[17] 文兰. 理发师悖论不足以称为悖论. 自然辩证法研究. 1996, 12 (增

刊): 22-23.

[18] Wen L. Semantic paradoxes as equations. The Mathematical Intelligencer, 2001, 23: 43-48.

[19] 文兰. 解一个古老的悖论. 科学, 2003, 55(4): 51-54.

[20] 邢滔滔. 《悖论的消解》简评. 中国数学会通讯，2019, 1.

[21] 张建军. 科学的难题 —— 悖论. 杭州: 浙江科学技术出版社, 1990.

名词索引

人名索引

后　记

这里谈谈此书的缘起和背景。小时候听哥哥姐姐们谈论过一句奇怪的话“我正在说谎”，这句话似乎你说它真它就假，你说它假它就真，但又不知就里，只觉得挺好玩。多年后才知道它叫作“说谎者悖论”，但“悖”了又怎样，也说不清楚。

1966 年春在北大数力系读二年级，一天在图书馆看到陈建功先生写的一本教科书，开头部分谈到罗素悖论，心智受到极大震动，心想怎么会有这样的事。很快就“文化大革命”了，陈先生的书没有读成，这个罗素悖论“若它辖有自己……，若它不辖有自己……”后来却无数次在心中默念。

“文化大革命”后期在河北农村的一个中学教书，时间很多，大姐就寄来她当年的大学课本《实变函数论》(那汤松著)。我读得很慢，读到康托定理时觉得神奇极了，非常喜欢。朦朦胧胧觉得康托定理与罗素悖论有点什么关系，但又想不清楚。后来“文化大革命”结束，1978 年考研时曾想选择数理逻辑专业却最终“走入了另一个房间”，但对数理逻辑，始终如《红楼梦》所云，“五内郁结着一段缠绵不尽之意”。再后来出国、回国，转眼就到了 90 年代，其间几次听到理发师悖论，说是罗素悖论的通俗版，想想觉得理发师悖论与罗素悖论的推理确实很像。

1995 年，在北大哲学系搞数理逻辑的大学同学郭世铭要为《自然辩证法研究》编一期专辑，约我写篇文章。我就想，那就借这个机会把康托定理、罗素悖论、理发师悖论三者的关系梳理一下吧。那时已经知道康托定理在先，罗素悖论在后，理发师悖论最晚。虽说理发师悖论是罗素悖论的通俗版，但由于罗素悖论比较晦涩，就想越过罗素悖论，看看理发师悖论与康托定理有什么关系。我就把理发师悖论与康托定理的反证法相对照，发现除了反证法的例行头尾，二者如出一辙。这等于给理发师悖论添上了“头尾”从而揭示了理发师悖论推出矛盾的原因，也使我产生了“悖论是反证法的掐头去尾”的看法。我就把这个意思写成了一篇短文，交给了郭世铭，就是文献 [17] (现在成为本书 2.2 节的内容)。文中没有提罗素悖论，是因为罗素悖论出于技术原因不那么容易被添上“头尾”。但我心里觉得，既然其通俗版这么容易解答，罗素悖论本身也不会是攻不破的。这时我已经有了一个信念：悖论都是可解答的。

1998 年我在香港城市大学访问，在学校图书馆里看到一些关于逻辑和悖论的专著，其中 Mendelson 的 *Introduction to Mathematical Logic* 开卷就列举了七八个悖论，第一个就是说谎者悖论。作者说就是这些悖论刺激了数理逻辑的产生，我才知道原来说谎者悖论不是说说玩的，而是逻辑学的大敌。后来读到塔斯基 (Tarski) 的语言分层理论和克里普克 (Kripke) 的真值间隙理论，才知道解决说谎者悖论居然要如此大动干戈，于是想试试有没有其他办法。

很幸运不久就有了一个想法。由于双卡悖论的“互指”关系比说谎者悖论的“自指”关系清晰一些，我就注意多考察双卡悖论，试图用符号把双卡悖论表达得更简练醒目一些。起初是用 A 表示“第一个句子”，用 B 表示“第二个句子”，写出来的两个关系式 $A := BT$，$B := AF$ 颇似一个布尔方程组 $x = y$，$y = \bar{x}$，就忽然想到，不行，恐怕不能用 A，B 而要用 X，Y，这可能是一个“方程”问题——**毕竟“第一个句子”“第二个句子”并没有什么具体内容，更像是“$\boldsymbol{X}$”“$\boldsymbol{Y}$”**。想到这里顿觉豁然开朗。这是观念的跨越，触及到了说谎者悖论的核心秘密——方程。注意布尔方程组 $x = y$，$y = \bar{x}$ 不是悖论而是反证法，它推出矛盾的原因很清楚：前有反证法的头“假设方程组有解”，后有反证法的尾“这一矛盾证明方程组无解”。由于我已经有“悖论是反证法的掐头去尾”的看法，就把这个布尔反证法掐头去尾，只留中间，发现翻译成日常语言正是双卡悖论的推理。这等于给双卡悖论添上了“头尾”从而揭示了双卡悖论推出矛盾的原因。

说谎者悖论所对应的一元布尔方程 $x = \bar{x}$ 太简单，太不起眼，但道理是一样的：说谎者悖论是这个一元布尔方程无解的反证法的掐头去尾的翻译，只要添上“头尾”就揭示了说谎者悖论推出矛盾的原因。唯一的问题是，添上头尾需要“方程”“解”“常数”等几个术语，而这几个术语对语言悖论来说还没有定义。但那也没什么了不起，就先建立这些定义好了，可以就叫“句方程”“句解”“句常元”等，这样就形成了我对说谎者悖论的解答方案。这个方案既不使用语言分层，又坚持了传统的二值逻辑。

想法虽然有了，但让人理解却不容易。首先一个障碍就是，说谎者悖论在布尔代数诞生之前已经存在了 2000 多年，说它是布尔方程反证法的 (掐头去尾的) 翻译，人们能接受吗？有足够数学经验的人会知道，这里讲的“翻译”是就逻辑关系而言，与时间先后无关。但说谎者悖论实在太古老、太有名了，要人们相信它哪怕逻辑上是近代布尔方程的翻译也非常困难。于是想，那就找一个布尔方程掐头去尾翻译过来，造成一个新悖论，不就布尔在先悖论在后了吗？“一卡”“两卡”的已经有了，于是想造一个三卡的，顺便把“且”和“或”也拉进来，让逻辑色彩更浓些。试了几下，就找到了一个布尔方程组 (3.3)，掐头去尾翻译过来，果然得到一个让人眼前一亮的“三卡悖论”。这有点像物理学家做实验。三卡悖论的制作就像一个成功的实验，证实了“说谎者悖论是布尔反证法的掐头去尾的翻译”，也说明了语言中还有四卡、五卡 …… 无穷多个说谎者型悖论。于是决定文章这样写：先给出三卡悖论，再揭秘背后的三元布尔方程组，然后转到说谎者悖论，建立“句方程”等概念，一些更深入的内容如“意指”与“为真”的关系则放到形式化工作中严格讨论。由于当时在城大图书馆读的那些文献都是英文的，文章就写成了英文的，就是文献 [18]。文章发表后寄给了张景中院士，受到热情的肯定和鼓励。他建议我用中文为文献 [18] 写一个介绍，并推荐到《科学》发表，就是文献 [19]。

后来看到，罗素的名著《数理哲学导论》(2006) 德文版 [13]

的序言提到了文献 [18]。该序言指出:“这类悖论，如永远说谎的克里特岛人，或者罗素的理发师，都归结到一个隐蔽的、未经证明的存在性假设 (见 Wen, 2001)。”其中提到的“Wen, 2001”就是文献 [18]。鉴于问题的重要性，我就萌生了写一本书详细解说文献 [18] 的想法。

下笔才发现，需要解说的地方太多了，比如写着写着就杀出个程咬金：说谎者悖论的推理究竟哪里用到了“句常元”假设？由于文献 [18] 是基于与布尔方程反证法的对照，我就去找，布尔方程反证法究竟哪里用到了“常数”假设。没想到居然找不到！这还得了，难道我们从中学代数就无数次声称的“假设是常数”是空话吗？当然后来终于找到了，翻译过来也就回答了说谎者悖论的推理究竟哪里用到了“句常元”假设。但这个“久寻不着”的插曲充分说明了代数里的“常数”假设有多么微妙：即使当面宣布了“假设是常数”，也找不到这一假设用在了哪里。何况古老的说谎者悖论不但没有宣布“假设是句常元”，而且连“句常元”的概念都没有！可以想见，实际上存在的“句常元”假设在说谎者悖论里隐藏有多深。这个意思，文献 [19] 已经有所涉及，本书第一版又做了大篇幅的解说，但直到现在第二版才感觉说透了。说谎者悖论内涵之微妙，令人称奇。

上一段所述的作者的亲身经历说明，代数学的“常数”“未知数”“方程”“解”等概念并不像表面上那样简单。语言学的“句常元”“句变元”“句方程”“句解”等概念只会更甚。我们比照代数学，一口气建立了这些新的语言学概念，但真正消化这些概念绝非一日之功。

与第一版相比，第二版最大的改动是让三卡悖论不要过早离开舞台，而是由它出面建立“句方程”“句解”等概念，然后再让位于说谎者悖论。第一版的写法是，说谎者悖论早早接替了三卡悖论，因此是由说谎者悖论出面建立这些概念的。这一改动相当大，影响到好几个小节的写法，但值得改。值得改的原因仍然是，所谓“说谎者悖论是布尔方程的翻译”只是就逻辑而言，若就历史事实而言说谎者悖论要比布尔代数早 2000 多年，人们自然担心，把说谎者悖论跟布尔代数紧紧挂钩会不会只是数学家的一种观点而已。三卡悖论则不同，它与布尔代数不止是紧紧挂钩的问题。它不仅逻辑上而且事实上是一个布尔方程组的翻译，可以说就是布尔代数。因此由三卡悖论出面建立“句方程”“句解”等“代数概念”，就比由说谎者悖论出面建立这些概念更容易被接受。

人们对接受“句方程”“句解”等“代数概念”可能始终有一个思想障碍：说谎者悖论是一个纯语言问题，你把它搞得像一个代数问题，是不是数学家的书生气啊？

其实，说谎者悖论并不是一个纯语言问题。为看清这一点，最好的办法是看三卡悖论。三卡悖论是由一个布尔代数问题翻译而来，是代数问题的语言表述，你说三卡悖论是语言问题还是代数问题啊？只能说，外表上是语言问题而实质上是代数问题。无论如何，不是纯语言问题。那么，既然三卡悖论不是纯语言问题，说谎者悖论就也不是纯语言问题。

北京大学哲学系邢滔滔教授仔细阅读了此书第一版并写了书评[20]。书评写道:“作者将悖论定位到反证法的‘掐头去尾’，继而以一种全新的‘句方程’理论，还原说谎者悖论的逻辑结构，显示其所藏所隐。这个理论不但提供了这类悖论的一种轻快简明的解答，更揭示了日常语言的一种隐蔽的、前所未见的代数结构，其深层意义尚待发掘。”

就是说，此书对说谎者悖论的解答可能是打开而不是关上了一扇门，更多的问题还有待进一步研究。